大赛背景

低碳发展，是上海"创新驱动，转型发展"的重要课题。虹口是上海的中心城区，位于黄浦江、苏州河交汇区域，历史文化氛围浓厚，地理位置及区域功能也尤为重要。同时，虹口是上海人口密度最高，旧区改造任务最重的老中心城区，发展的资源和环境压力很大。虹口立足自身资源和产业特色，围绕低碳发展理念，在城区规划、政策激励、旧区改造、功能培育等方面进行机制和政策创新。通过征集低碳创意设计方案，动员世界各地的设计力量为上海新一轮低碳发展贡献智慧。

组织机构

指导单位：
中国节能协会
上海市发展和改革委员会
上海市经济和信息化委员会
上海市虹口区人民政府

主办单位：
上海虹口创意产业中心

协办单位：
上海设计之都促进中心
世界自然基金会
上海市低碳科技与产业发展协会
青云创投

大赛任务

大赛立足虹口的历史人文，以"致50年后的未来"为主题，征集面向未来的低碳、环保城市解决方案，分为低碳构筑物和老工业厂房低碳改造方案两类。

任务一——低碳构筑物设计方案。以北外滩滨江绿地为建造地，征集一幢低碳构筑物的建筑设计方案。方案设计需结合北外滩上海国客中心的服务配套、市民低碳科技文化和生活方式的体验需求。

任务二——老工业厂房低碳改造方案。选取虹口的一处老工业厂房（上海感光材料厂，临潼路191号），征集低碳改造方案。改造以虹口的历史文化、自然环境、产业特色等方面为背景，注重适用性、功能化、时尚化、节能化。

官网：www.hklc.org　｜　邮箱：admin@hklc.org

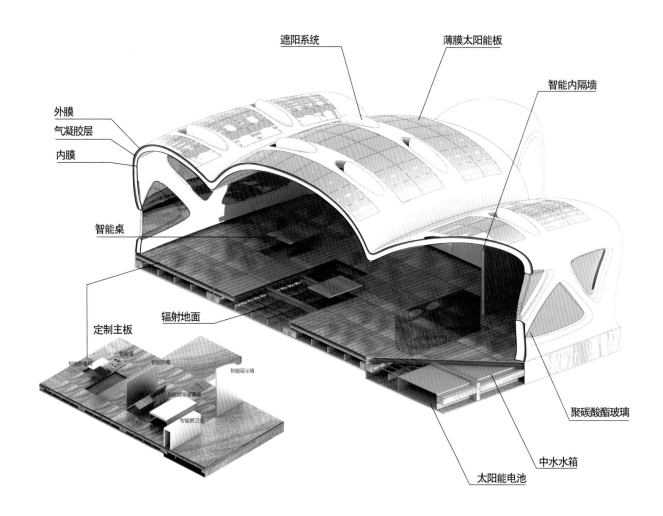

外膜
气凝胶层
内膜
智能桌

遮阳系统
薄膜太阳能板
智能内隔墙

定制主板
智能折叠椅
智能桌
智能屏幕
智能展示墙
智能展示储藏桌
智能厨卫台

辐射地面

聚碳酸酯玻璃
中水水箱
太阳能电池

易云智能生活展示馆

设计单位：上海易拓邦建设发展有限公司
设 计 师：苏运升、宋嘉、赵哲毅、丁宇新、吕翰林、徐榕妍、瞿佳超、张鹏、陈堃

设计理念

易云智能生活展示馆建筑主体被拆分成主板、表皮和能水终端三大部件。通过采用参数化的设计软件，和多样性的用户需求相对应，定义更加自由的形态，采用轻质柔性材料，形成双层气囊模板，从而降低模板成本。采用气压充气气模占据空间，来获得内部的建筑空间，用发泡混凝土灌注形或保温结构一体化的结构体系。建筑的表皮材料可以有多种选项，内表皮OLED360度环形屏幕，投影屏，PU喷

涂等。外表皮根据档次可以分成ETF、PVC、绿化墙、太阳能发电膜，多种选择。

构造可以分为双层、单层、气腔、水腔、绿植腔等，原则上在不同的气候特征区都有高中低价位可供选择。建筑主板定制和汽车底板一样，根据集装箱物流的尺寸，分成二十尺集装箱，四十尺集装箱展开面作为两种主要规格。展开后面积为60平方米和120平方米两种规格。建筑主板配备冷热水、净水、雨中水、蓄电器、交直

变电器等主要的建筑能源和水部件。

建筑主板运输时就是集装箱的外围护，到现场后主板可以被内部气模气压自动展开。同时，它的商业模式为按使用时间收费。在该商业模式下，任何用户只需支付全部使用时间所产生的费用，便可自由使用该空间和其一切功能及配置。目的在于，使该建筑能够面向所有人，它是所有人的梦想空间，同时它将建立起一个公平的、正能量的、多元的交流和互动社区。

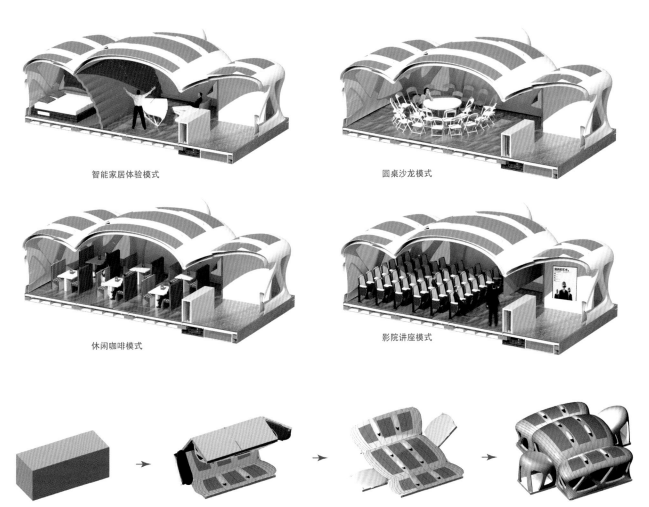

智能家居体验模式 圆桌沙龙模式

休闲咖啡模式 影院讲座模式

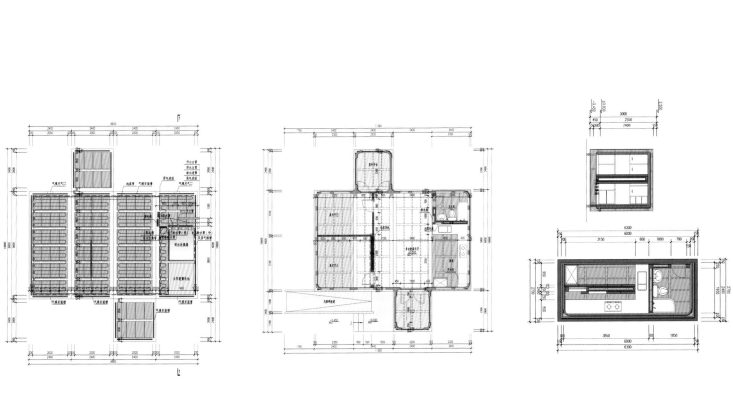

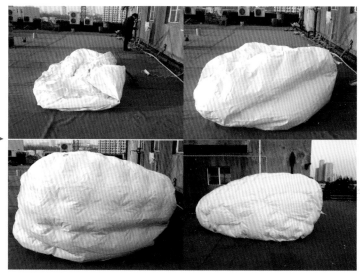

总位移分布

最大拉应力（第一主应力）分布

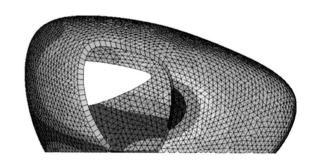
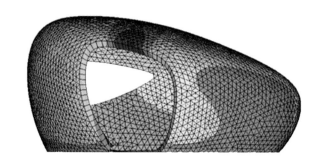

Agriculture age_____Solid City Industry age__liquid City Information age___Cloud City

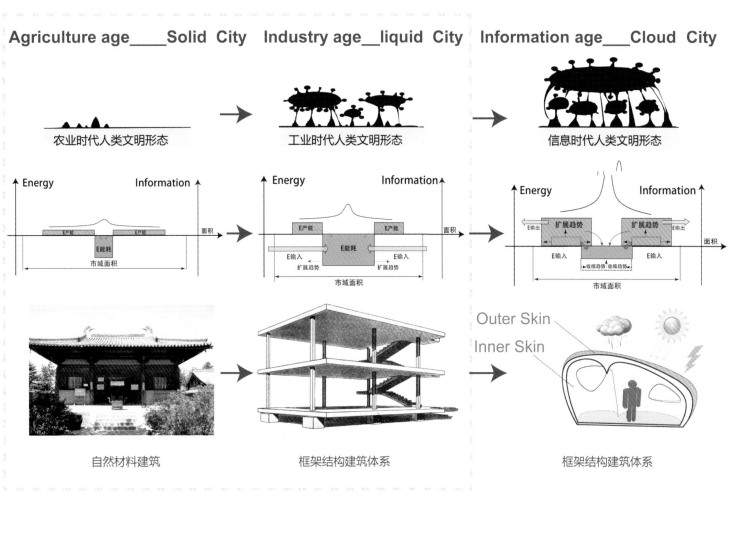

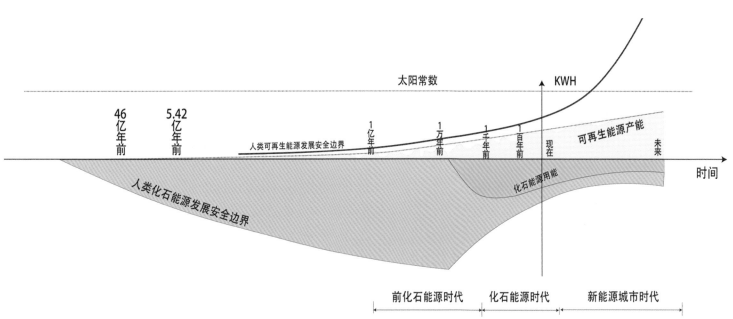

蜜蜂计划

设计单位：华侨大学、同济大学
设　计　师：吕翰林、黄稼蕊、曹娟、马文婷

　　"蜜蜂计划"的意义是，作为人类个体的我们需要的是简单的生活，一般的公寓由大房间的卧室、客厅、厨房、卫生间、工作室……组成，但每天我们最常用的只是客厅，这么多的资源只服务于一个家庭并且限制了和更多人之间的交流；我们可以把空间分为两部分，一个是私密空间，即一间卧室、一间浴室和卫生间，一部分是开放空间，如客厅、厨房、工作室……这样，我们就可以在同一个空间中创建一个高容积率和更舒适的生活环境，最重要的是，人们可以在开放的空间中相互交流，只有在需要休息的时候才回到属于自己的那温暖小巧的"蜂巢"。

　　随着全球变暖，自然灾害频发，人们的生活越来越不安全，特别是在地震带的国家，如日本，孟加拉……更严重的是地震和海啸具有的超强破坏力是普通建筑难以抗拒的，所以装配结构＋独立舱体将成为灾害频发区域用来减少损失的最好手段。

　　建筑内部运用了多种可持续能量收集系统，可以吸收光能、风能、植物能、引力能、动能，这些创新的能源设计可以降低建筑的使用成本，形成了一套可以自给自足的生态建筑系统。

风力能源

创新的风力系统在垂直的蜂窝空间中置入风力发电机组,在确保良好通风的同时,对整个建筑提供持久的电能

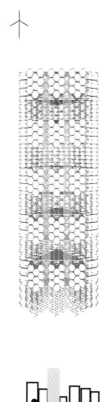

太阳能

使用新型的光伏太阳能玻璃,实现最大的太阳能收集,并在屋顶安放跟踪式太阳能采集板,它可以根据太阳高度角的变化调整面板的角度,使太阳光总是和面板保持垂直,从而采集更多的能量

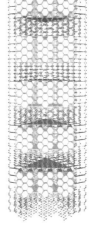

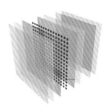

风害
通风管道设计使强风穿过,避免了台风的危害

水害
舱体设计在水灾来临时自动分解成独立的防撞击单元体救生舱,让人们不再担心海啸的威胁

地震
舱体周围为弹性外壳包裹结合弹性钢臂结构可以化解横向和纵向的张力和拉力,给予舱体和结构之间一个缓冲力,从而化解地震波,使其不会产生共振,就如同软轮胎相互挤压一样使强大的地震力向不同的方向分解

结构强度
结构设计以C12(金刚石世界上结构最为坚硬和稳定的物质)的结构为原型经过调整方向和加固节点的处理给予更高的强度和结构耐久性,使建筑使用年限大大增强,并可以抵抗各种荷载

拆除和构建
组装结构设计将大幅度提高施工的速度和精准度,拆卸时只要将模块一一卸下这将使得建筑材料实现零浪费

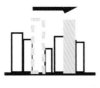

能量采集
创新的多种能源采集技术可以收集各种自然能源如风能、太阳能以及光能、水能以及植物能等既满足自身需要又为城市提供清洁能源

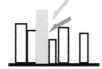

楼板结构

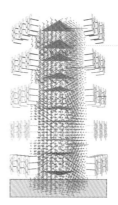

楼板设计使用交叉三角形结构,确保坚固的同时,方便设置内部管道

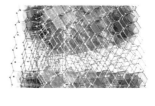

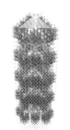

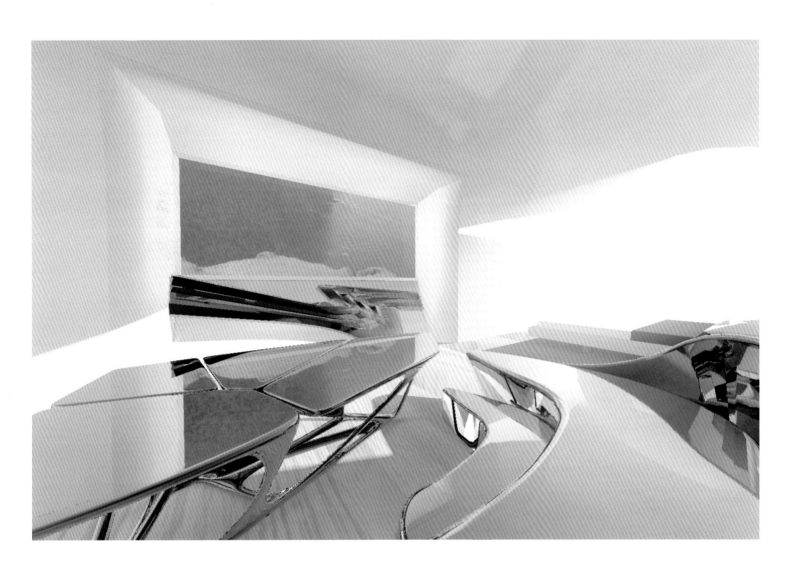

A 应急舱　　　B 生活舱　　　　舱门开启　　　舱门关闭

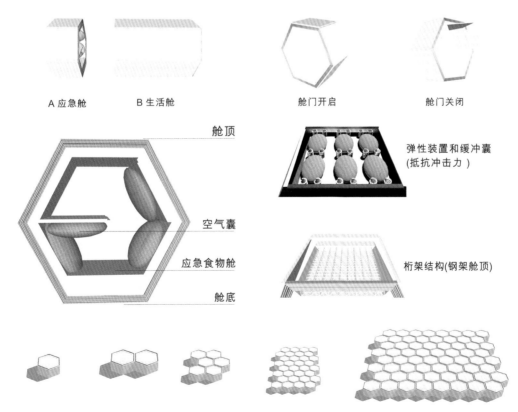

舱顶

空气囊

应急食物舱

舱底

弹性装置和缓冲囊
(抵抗冲击力)

桁架结构(钢架舱顶)

"舞动城市"——生命歌咏的乐章

设计单位：贝肯设计（集团）有限公司
设 计 师：田景海、吴佳、杨淑华

本案契合竞赛的主旨——低碳构筑物与上海市"城市让生活更美好"的城市宣传形象，本设计采用高新科技材料，用极富现代生活气息的动感线条。打造一个和谐生态的高科技低碳构筑物，同时它必将成为矗立在上海北外滩的一件精美别致的艺术品。

构筑物的设计灵感来源于上海市的母亲河——黄浦江，及上海市极具代表的饰品——丝巾。在设计的构图上延续"灵魂性、人文性、先进性、开放性"四大特性的黄浦江文化与河流自然流淌的形态，结合丝巾"丝缕之间，尺寸之方，随意的缠绕，轻柔的呼唤，天人合一"的特质。

设计充分体现了太阳能的循环利用、清洁能源的利用、雨水收集再利用、净化水体利用、低碳循环科技等多种低碳节能的环保措施。确保设计能够保证安全舒适的居住功能的同时满足与周边环境和谐相处。

构筑物造型现代新颖、流线型的设计极富现代生活气息，融合"水"的概念，强调上海市依靠黄浦江的生命力，采用了高新科技能源来突出现代城市的新活力。通过利用现代新能源设备及户外广告体系，使得构筑物在夜间色彩缤纷、动感十足，犹如都市中心一道道绚丽的彩虹。与区位所在地对岸是上海最年轻、最富活力的中心——陆家嘴相得益彰，是"高、精、尖"的代表，是生态循环科技及城市生活合奏的乐章。

不同类的墙

设 计 师：王树宇

设计理念

该项目思路是通过对不同墙面的做法，从而达到低碳节能的目的。有三种类别的墙，它们各自都有不同的作用和做法。

网格墙面：通过对织物的拟物从而生成的墙面。保持了良好的通风性和遮阳性能。材料为木质。

折叠墙面：动态的折叠墙面可以时刻保持宜人的室内温度，可以折叠的墙面。材料是轻质PVC板。

绿植墙面：同样为木质搭建的镂空墙面，可以生长小绿植。材料为木质。

日照分析：

网格墙面：保持适当日照和通风
折叠墙面：根据温度不同调整开合角度
加厚墙面：增强保温隔热能力

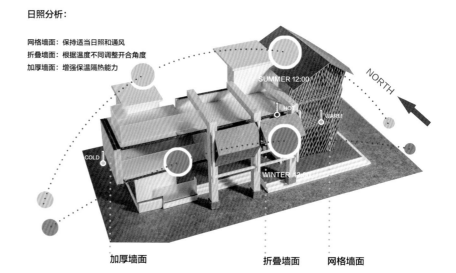

加厚墙面   折叠墙面   网格墙面

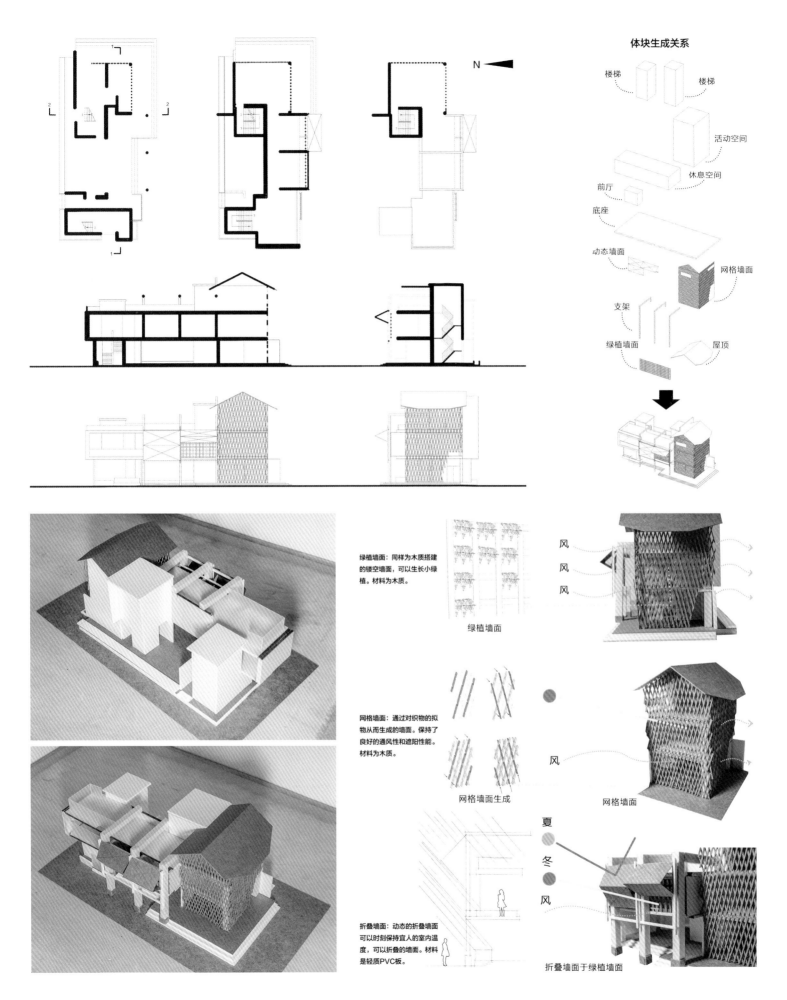

N

体块生成关系

楼梯　楼梯

活动空间

休息空间

前厅

底座

动态墙面　网格墙面

支架

绿植墙面　屋顶

绿植墙面：同样为木质搭建的镂空墙面，可以生长小绿植。材料为木质。

绿植墙面

网格墙面：通过对织物的拟物从而生成的墙面。保持了良好的通风性和遮阳性能。材料为木质。

网格墙面生成

折叠墙面：动态的折叠墙面可以时刻保持宜人的室内温度，可以折叠的墙面。材料是轻质PVC板。

风
风
风

风

网格墙面

夏

冬

风

折叠墙面于绿植墙面

装配城市

设计单位：上海现代建筑设计集团工程建设咨询有限公司
设 计 师：施益平

Prefabricated City_装配城市

Background_背景

Earthquake_地震

Flood_洪水

Snowstorm_暴雪

Tsunami_海啸

War_战争

一场天灾人祸过后，面对我们的是破壁残垣的城市现状，人们颠沛流离，居无定所。我们能够用什么来重建我们的家园？是快速建造的建设模式？是高效的工厂化制作方式？还是生态化的城市建设手段？抑或是以上全部。

我们提出了一个新的城市建设模型，对于一片灾难过后的废墟，我们需要做的是重建这片土地，同时它是高效的、环保的、零碳的，在这个城市中，人们重拾生活的希望，幸福的生活在这个城市中。

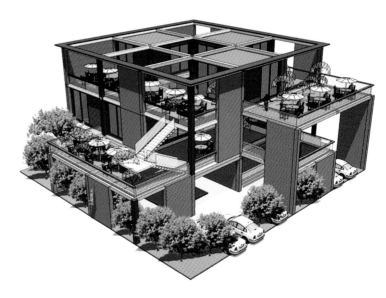

Prefabricated City_装配城市
Strategy_策略

Application Strategy_应用策略

After the Disaster

Tradition City_传统城市

Program Strategy_项目策略

Office Commerce House Traffic Green

Office Commerce House Traffic Green

What do we need?

01 Convenient transportation
02 Fast construction
03 Plug and play
04 Different function

Prefabricated City_装配城市

Office Commerce House Traffic Green

Bioclimatic Strategy_生态策略

Beijing   HongKong

Prefabricated City_装配城市
Prefabricated community.Happy life_装配社区 快乐生活

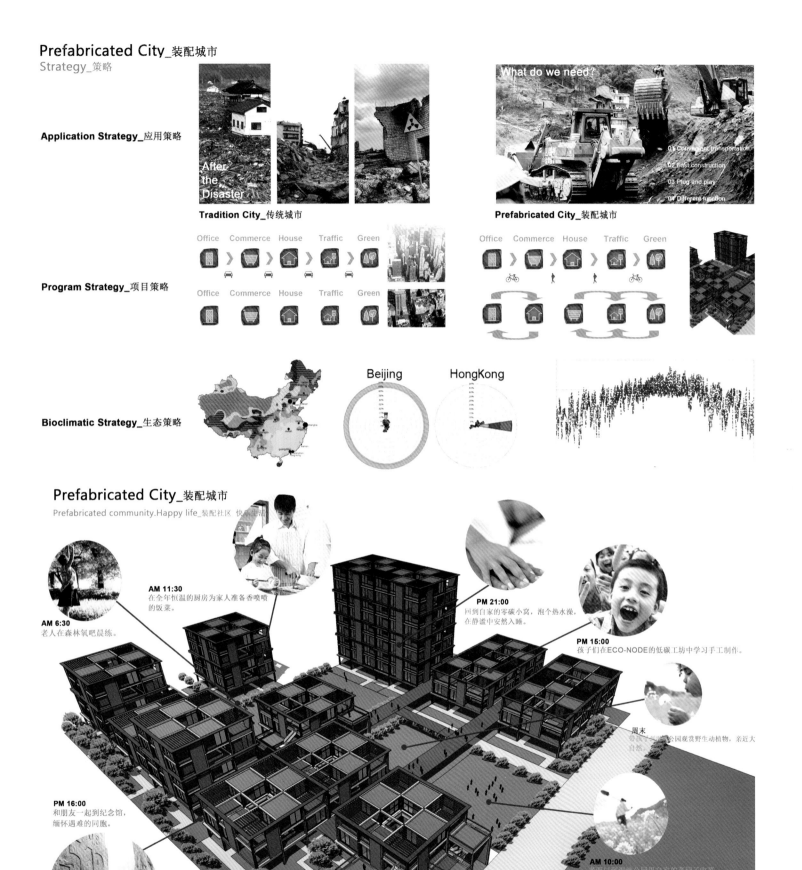

AM 6:30
老人在森林氧吧晨练。

AM 11:30
在全年恒温的厨房为家人准备香喷喷的饭菜。

PM 21:00
回到自家的零碳小窝，泡个热水澡，在静谧中安然入睡。

PM 15:00
孩子们在ECO-NODE的低碳工坊中学习手工制作。

周末
带孩子到湿地公园观赏野生动植物，亲近大自然。

PM 16:00
和朋友一起到纪念馆，缅怀遇难的同胞。

AM 10:00
老两口到湿地公园里自家的菜园子收菜。

AM 14:00
在舒适的工作环境中，高效的进行手上的工作。

AM 8:00
组织人们开展主题纪念活动。

世界之窗

设计单位：山东建筑大学

设 计 师：吕高标、张玺、张先知

　　本项目通过四个800×2400的组成一个方盒子，其中两个模块是由可自由移动的滑轮，每一个模块是由模数化的300×300mm的小方盒子组成。整个盒子是由太阳能转化为电能供其运作。能根据人们的使用要求，通过滑轮的变化可形成不同的空间，供不同人群使用。当其不运作时可以完全关闭形成一个盒子，便于管理。盒子整体都贯穿了绿色建筑的理念，考虑到上海夏季炎热的气候，盒子顶部空间有太阳能板和绿植结合，墙面运用垂直绿化，达到冬暖夏凉的效果。顶部盒子底部敷设管道进行雨水回收，可对绿植进行自动灌溉，从而达到延长建筑寿命的效果。内部的小盒子还可供人们种植花草，为人们提供了更多交流的可能性。

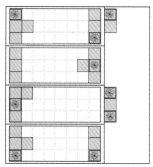

平面形式一

某些可变的平面形式：

平面形式二：
只移动第一个单元，形成一个小空间可一个大空间，通过第一个单元形成室外大空间的框景，增加整体的吸引力。

平面形式三：
通过移动中间的单元形成两个小空间和一个大空间，两个小空间更具趣味性，大空间和小空间的融合，使人在其中有置身于园林的感觉

平面形式四：
通过移动两个单元形成四个外部小空间，室内空间和室外空间相互渗透，极具灵活性。以此加强人们的交流。

平面形式五、六、七……

空间组合方式：

形式一：
四个独立单元全在一侧，形成大空间构筑物，可以满足躺卧、聊天、聚会等大空间需求活动。同时，简介完整的框型构筑物对城市形成框景作用。

形式二：
分成一个小空间和一个大空间，小空间可以提供城市人群的单独活动需求，如阅读，大空间倾向于公共空间。

形式三：
形成两个小空间和一个稍大空间，此时的构筑物有私有空间倾向。

形式四：
四个独立单元两两分离，形成四个小空间，此时的构筑物满足私有空间需求，一般存在于城市人群相互不认识的情况，能一定程度满足人的隐私心理需求

总结：
此构筑物能够根据城市人们心理需求变换各种形态，屋顶通过太阳能光伏板转化为构筑物所需要的电能，同时，垂直绿化能够有效遮阳丰富城市景观，为零能耗城市构筑物。

方案生成：

1、建筑占地范围

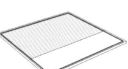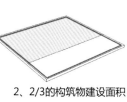

2、2/3的构筑物建设面积

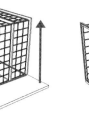

3、控制建筑最小高度

4、形成四个模块

5、两个可移动的模块

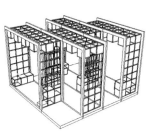

6、绿植的引入

结构示意图

通过模数制的方盒子加入四个单元框架，形成种植盒子，盒子里加入绿植和太阳能板。达到遮阳的效果，并且美化立面。

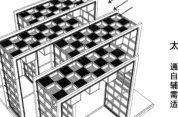

太阳能收集示意图

通过对太阳能发电供自身运作，以及一些辅助设施的用电，无需人工，更便捷、舒适和可持续。

顶视图

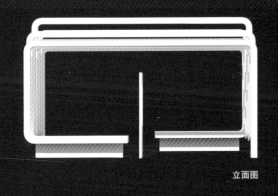

立面图

木制结构

透明混凝

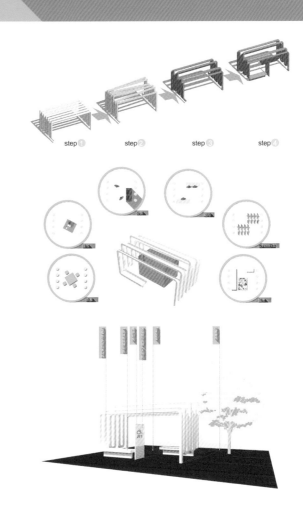

step 1   step 2   step 3   step 4

后工业的潮

设 计 单 位: 南京工业大学

设 计 师: 姜碧

　　未来的建筑会向何方向发展，我不确定，但我知道今天所做的工作都会成为未来。

　　通过工厂预制的可回收构架，在基地内可以轻松组装完成。另外作为一个非永久性项目，没有强调每个构件的生态科技的运用，以便于构筑物可以方便的迭代更新。

　　完成后的构筑物也是一个不确定的内容。虽然造型可以从工业的印象中提取元素，但最后的使用可以完全自由，或者是我们无法确定的。

玻璃瓶工程

设 计 师：梁宁、武硕尧

以"废玻璃瓶围墙（啤酒瓶）"取代钢筋水泥围墙既可节约大量的资源能源，又能增加等量的绿化面积，且防止了土地硬化，"节能增绿"。完全符合当今落实科学发展观、发展低碳经济的理念。

啤酒瓶它是曲面的，但也可以把它们很好的黏结在一起。经过测量，一个啤酒瓶的总长度和一面墙的宽度没差多少，所以我们可以用一个啤酒瓶的长度来做一面墙的宽度。按理来说，把那么多的啤酒瓶堆成一面墙是困难的，而且也不稳定。那么，怎么办呢？不用担心，有办法解决。既然说是低碳、节能、环保，那就不能用水泥砂浆来把它们黏结。那我们用什么来做呢？首先，"废玻璃瓶围墙"的主要材料包括防腐木材、啤酒瓶、泡沫、钉子、螺栓、螺帽、有机硅胶黏剂、环氧树脂胶黏剂、泥土、植物的种子（小的植物

那种，比如花的、小草的等）。玻璃瓶围墙的固定：先把防腐板材固定在地面（已经铺好的地面）或直接锚固在已经建成的建筑物墙体。直接把玻璃瓶堆成墙体那是不稳固的，所以我们要利用三角形来使玻璃瓶更加的稳定。那具体怎么做呢？先把防腐板材做成墙体的形状（矩形），再矩形的基础上用防腐板材分隔成几个三角形，这样就可以更加的稳固玻璃瓶，防止它摆动。玻璃瓶与板材之间用环氧树脂胶黏剂连接，玻璃瓶之间除了用有机硅胶黏剂连接外，还要用泡沫把它们分隔。用泡沫分隔的用处就是防止玻璃瓶碰撞而导致破碎，以免伤人。环氧树脂胶黏剂主要用在玻璃瓶底间的连接。板材之间的连接，先用钉子固定形状，再用螺帽进行加固。那么，玻璃瓶颈的部分怎么处理呢？当然是用泥土来把它们填实了。

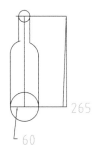

1-1 剖面图 1:100

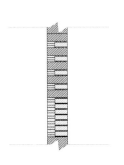

1-1 剖面图 1:100

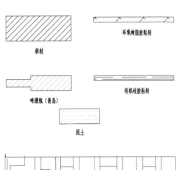

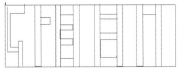

平面图 1:100

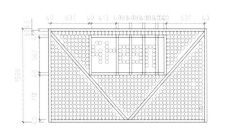

平面图 1:100

微缩城市——
活力高效可持续的低碳之城

设计单位：人人建筑设计咨询（上海）有限公司（POPULACE STUDIO）
设 计 师：叶凌晨

设计理念

针对项目所在城市空间特点及矛盾提出了微缩城市的规划理念，紧缩城市是全球城市发展的新趋势，更加节约利用土地，高效利用空间，节省人们工作生活的时间成本，促进都市空间活力。这都将从根本上革新城市状态，成为低碳城市发展的新风向。实现微缩城市的四大低碳策略：

低碳策略一：高密度的可持续性都市空间，提高建筑密度，节约利用土地，优化城市空间使用效率。

低碳策略二：功能混合的活力之城，促进建筑功能多元混合，激发城市空间活力。

低碳策略三：适宜步行的人性化都市空间，缩小建筑尺度，塑造传统街区的宜人尺度，恢复都市街道活力。

低碳策略四：生态可持续性的建筑改造，模数化生态化建筑设计，提高城市空间使用灵活性。

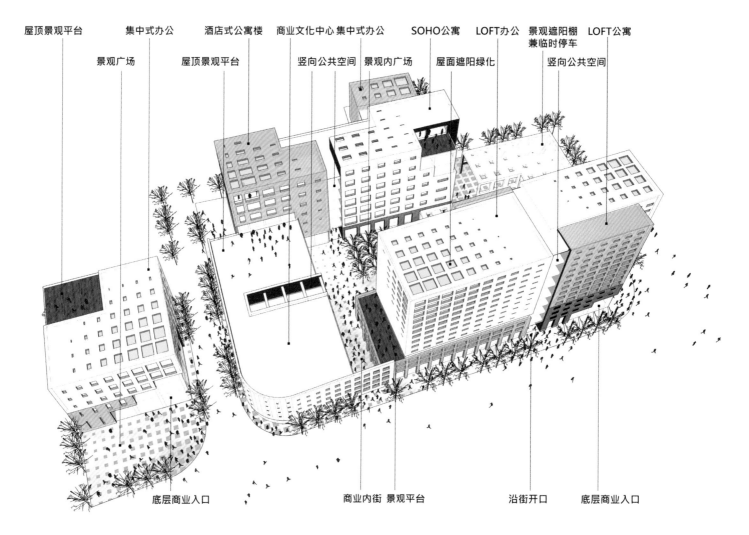

屋顶景观平台　集中式办公　酒店式公寓楼　商业文化中心　集中式办公　SOHO公寓　LOFT办公　景观遮阳棚兼临时停车　LOFT公寓

景观广场　屋顶景观平台　竖向公共空间　景观内广场　屋面遮阳绿化　竖向公共空间

底层商业入口　商业内街　景观平台　沿街开口　底层商业入口

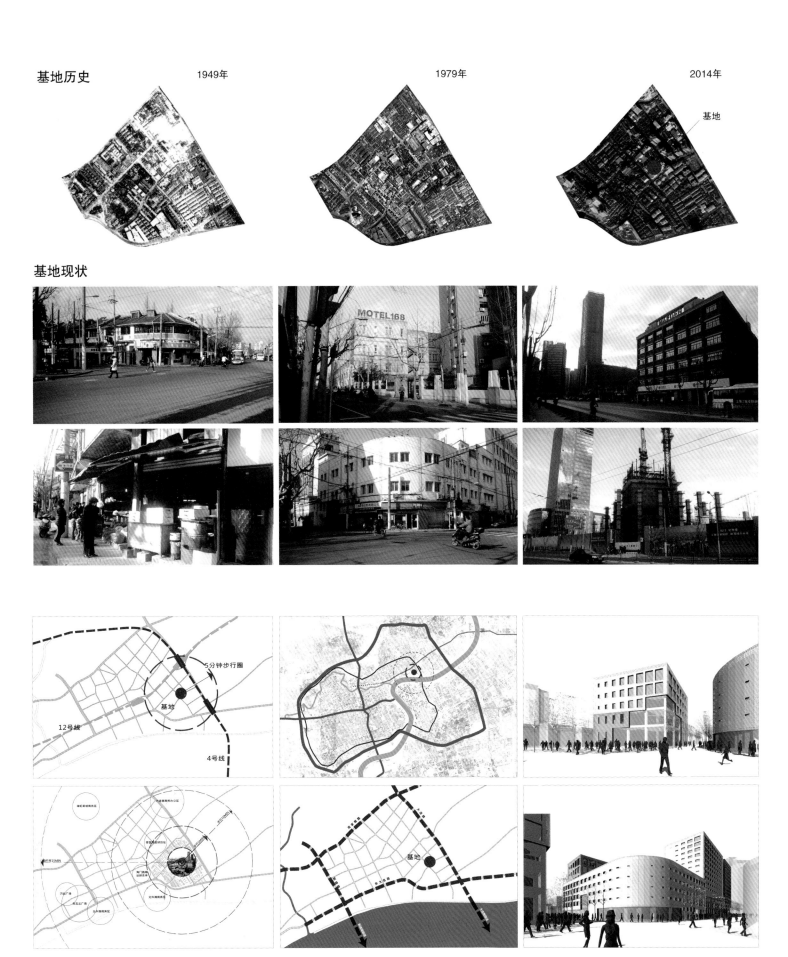

基地历史

1949年   1979年   2014年

基地

基地现状

Microworld微世界

设计单位：北京筑福国际工程技术有限责任公司
设 计 师：郑征、杜志坚、燕鑫、杨亮、尉莎莎

构思背景

近几年伴随着经济的增长，环境污染越来越重，特别是空气污染，雾霾成为每个生活在其中的人无法回避的问题。虽然人们的环保意识不断提高，在政策和产业多方面的推动下逐步淘汰了高耗能高污染产业，但是，"冰冻三尺，非一日之寒"，短期内无法解决空气污染问题。同时有这样的一群人，他们身体状况日趋不完善，器官衰竭特别是呼吸系统，他们却是最需要一个优质环境的群体。对于他们，我们没有理由等待环境转好，作为建筑师，我们有义务有责任通过设计提高他们的生活质量。

设计理念

上海市申贝感光材料厂及临潼宾馆楼改造设计是在此背景下的一个设想。通过透明的封闭的盒子将污染物隔绝，同时使用空气过滤系统，结合绿植，水系等亲自然元素，打造一个空气洁净，温和宜居的内部环境。

对于外部环境，我们也希望通过设计能对周边乃至城市做出积极的贡献。考虑到上海气候的潮湿，在外墙表面构筑龙骨和钢丝挂网，以便爬藤植物生长，从而提高绿化覆盖率，达到改善空气质量的目的和节能的效果。

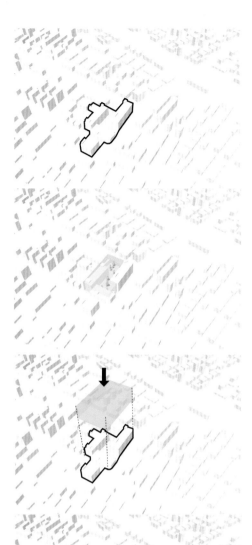

低碳技术

建筑多数情况意味着拆和建，这本身就是一种浪费的行为。从本源考虑，不拆少建更是一种节能。对于该项目我们采取的态度是，为原建筑无论在结构上，还是出于维护体系尽量不动原则，需要补建的地方尽量采用可再生的或可循环材料进行。特别是玻璃厅部分，我们采用钢材这种可循环使用的材料达到低碳的目标。高技术方面我们使用太阳能发电，供给空气过滤系统的运转，形成一个自闭的电力系统。低技术方面体现在雨水收集这个理念，雨水通过屋面收集然后通过管道渗透到自然土层，再反哺植物生长。相对来说是一种原始的生态系统，但却是有效和最低碳的方案。

项目定位

1. 银发需求——上海人口老龄化

30年来，上海人口老龄化程度一直位列中国之最。早在1979年，上海就在中国率先进入人口老龄化社会，上海老年人口平均每年增加20多万，预计到2015年，老年人口比例接近30%。

2. 老年人需要亲近大自然

在现代化、城市化进程中，老年人越来越不适应市场竞争的节奏、频率、紧张度、作息时间与活动空间，也越来越不适应污染的环境及脆弱的生态，老年人需要亲近大自然，需要在一个没有被污染的环境中安度晚年。他们越来越需要自然养老、生态养老、环境养老。

3. 生态养老功能社区——自我养老、生态养老再就业

随着人口老龄化、生育率下降和由此产生的家庭结构小型化，独生子女们要以一比二的比例人数面对长辈群体，养老负担沉重。因此，社会需应对薄弱的家庭养老条件与低水平的退休保险待遇构成的潜在风险。"自我养老"、建立生态养老功能社区是未来退休者们一种必然的选择，并将成为未来发展的趋势。

4. 相对比较高的投资回报

养老就目前来说，仍是个新兴产业，在政策方面有其他产业没有的优势。国家建设补贴资金2~4万元，最高补贴6万元，每月有运营补贴；政府在税收等方面有优惠政策。内部收益率高达10%，而且回报期也比较短。

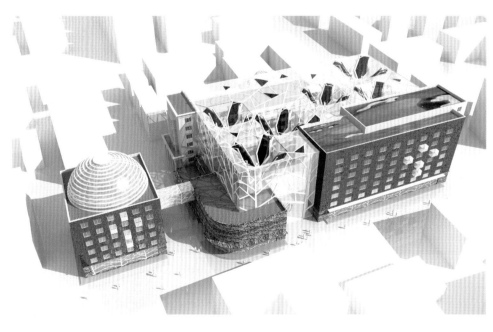

我们需要一个生态、环保、安全、高效的环境系统---微世界

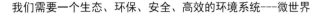

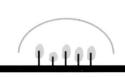

"厂"中"坊"传统与现代的演绎

设计单位：东北石油大学

设 计 师：张振、薛婷

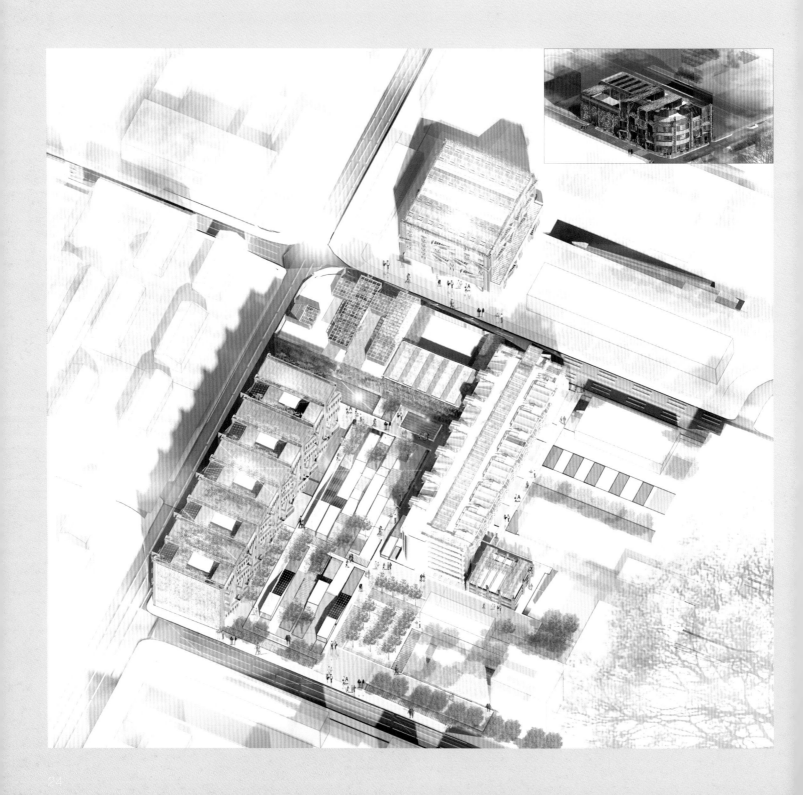

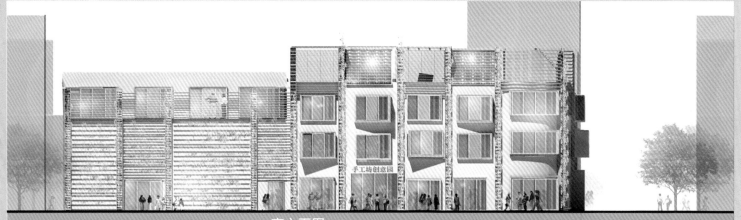

南立面图 1：200

区块定位　采光分析

A和B区作为沿街的商业区，如何把其透明化和提高商业价值是设计中思考的一个问题，在设计中引入作坊的理念，也是对原有的功能性质的尊重，让顾客置身其中，看到从生产到销售的过程，同时也是新的商业模式的可行性的探讨，外部环境中保留原有的框架，引入垂直绿化，凸窗绿化和通风的研究，使其更生态化。

在设计中运用凸窗作为采光口，减弱阳光直射，发挥凸窗的功能性，便于室内有良好的工作环境，通过采光分析，在避免阳光直射的情况下，满足自然采光。同时屋顶太阳板和凸窗上的光电板，提供充足的能源，从而减少人工能源消耗。

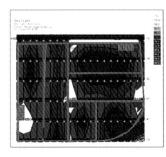
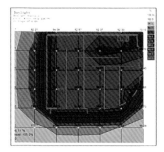
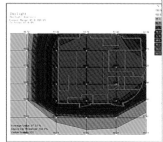

一层采光分析　　二层采光分析　　三层采光分析

原有的功能区块比较混乱，在对场地功能区进行重新定位的同时，觉得对原有的一些功能加以保留，完善其功能不仅仅是一种尊重，更是一种历史文化的再现。

建筑本身就是历史的遗迹，场地建筑更是工业文化时代的产物，保留加更新是设计最基本的落脚点。所以本设计是想把厂和作坊结合起来，把生产和办公以及销售呈现给顾客，使其开敞、透明化，符合上海创新和兼容并包的发展策略。

在设计中，尽可能的是一种完善的态度，例如竖向线条本身是一种装饰，但可以把其深化到垂直绿化骨架，屋顶的一些设备间可以进行保留，窗户在改造的同时，用折叠的手法把凸窗编织起来，同时也是为了和太阳高度角相一致。

在被动式技术的运用中，引入风帽和传统的凸窗，所以该设计定义为基于凸窗和通风塔的实验，真的希望能做到传统与现在的相互融合，体现工业建筑文化的特色，而不是现在社会形式和表皮的结合而丧失了其文化意义。

绿化构件解析

在原有的墙身基础上，进行多层次的景观绿化，不仅仅是对原有的维护结构的保护，而且对室内环境而言，也是一种全新的景观模式。

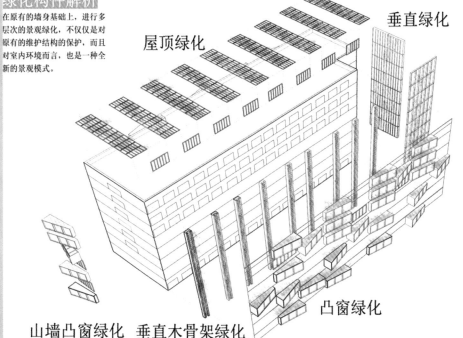

屋顶绿化　垂直绿化
山墙凸窗绿化　垂直木骨架绿化　凸窗绿化

内院景观构思

在考虑到C座和场地的关系，场地中采用不同的景观元素进行组合，场地中以折线作为景观构思，相互贯穿，让游客融入其中。同时也采用不同的植物，丰富形成参差错落的景观空间。

25

"阶·替"——公共空间的再生

设计单位：上海既简建筑设计有限公司
设 计 师：陈清、潘佳力

设计理念

本设计在完全保留原建筑体量的条件下，新融入了办公、商业、soho等功能。并创造一个新的步行系统：在二层楼面标高处的新建公共平台，将常用人员步行流线与地面经设计后转化的车流流线完全分开，创造了宜人、便捷、安全的全新交通联系方式，也同时创造了各种聚会、休闲、娱乐的使用可能性，将场地向社区积极的开放，增加交流与活动的机会，以提升本场所的辨识度及社会责任。在项目的运作中，一般的主动节能手段如太阳能光伏发电、中水回收、low-e玻璃等，建议依投资额度分批分期使用；更重要的是，在设计中考虑了大量的可开启扇作自然通风，遮阳避免太阳辐射过热，屋面绿化增加热惰性等措施，将运用自然规律带来的舒适环境作为本项目的目标；更为甚者，鼓励人们更多的走到户外，与环境和谐相拥，与他人愉快交流，才是社会真正的可持续之道。

愿我们的设计传播自然健康、和谐的低碳正能量！

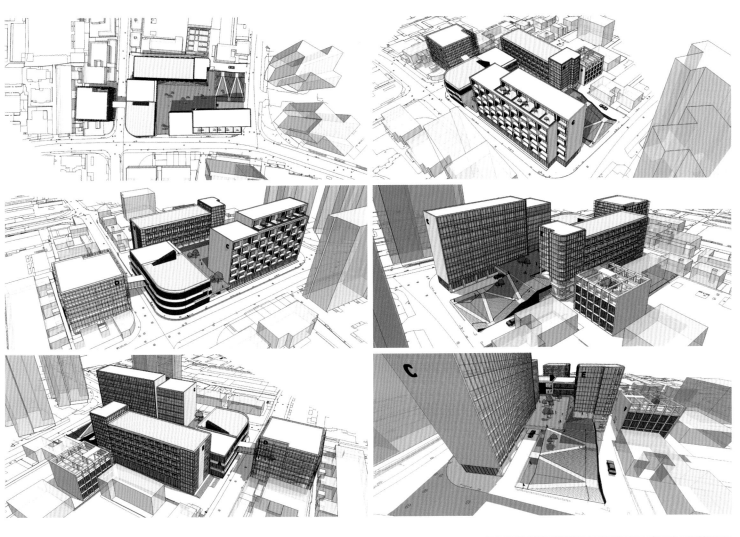

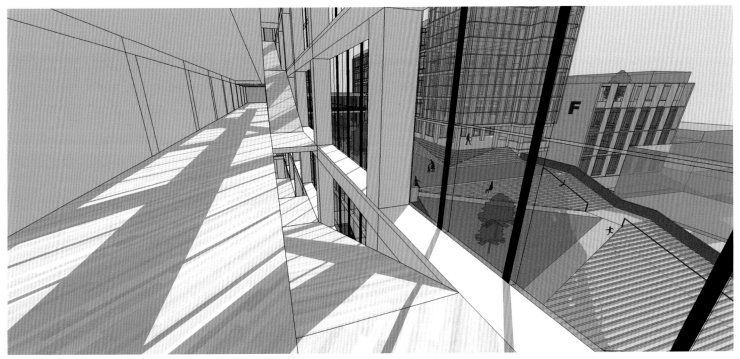

还 · 源

设计单位： 辽宁省建筑设计研究院建筑创作中心

设 计 师： 杨晔、郝建军、谢春清、杨旭、宋欣然、苗起、王斯远、胡媛、孙博勇、白丹琳、合龙、闫一丁、王晨宇、张寒、谢焕莲、朗奕

随着城市的发展，原始的生态环境正一点一点被混凝土所侵占，我们的城市慢慢变得机械化、气污染、噪声污染、水污染、光污染、人口分布不均等这些问题都是由于社会和自然的失衡所引起的，因此我们的设计目标是还·源自然与社会，给新区域一个平衡的生态环境。

一、基地介绍

本基地位于上海市虹口区临潼路与惠民路的交叉口处，基地共包含6栋建筑物，分别是上海申贝感光材料厂厂房、办公建住以及临潼宾馆。基地周边用地性质为住宅和学校。基地内建筑物较周围建筑物体量相对较大，建筑时间相对较长，与周边建筑和环境有些不协调，因此对此区域的建筑物进行改造。

二、存在问题及解决方法

1. 功能方面：本区域内的建筑物功能相对较单一，而且与周边建筑功能不协调，很显然是城市发展滞留地之一。因此我们进行了功能置换和对比，将区域内的建筑微缩成一个小的邻里综合体，既把周边的建筑性质进行延伸，又增强了本区域的多功能性，成为整个大区域的核心地块，带动区域业态整体协调发展。

2. 空间方面：由于地块之前的建筑性质所局限，限制了区域内空间的发展，封闭空间相对较多，缺少必要的交往空间及活动空间。因此我们将A、B、C、E楼之间夹着的场地进行了立体化改造和利用，C和E楼的长度相对较长，不利于空间使用。因此我们将区域内的各单体建筑分别做了共享中庭，也用这部分面积置换了立体化改造所需的面积。一举两得的将区域室内外环境一体化，各取所需，达到恢复邻里关系和丰富空间环境的目的。

3.交通方面：本区域内交通规划不合理，特殊时段交通压力过大，停车问题成为区域范围内最大的交通问题。我们针对这个问题进行研究和比较分析，最终设置停车楼和充分利用活动场地来达到地块内停车难的问题。

4.环境方面：区域内原有生态环境破坏严重，认为环境缺乏有效绿化，街道狭窄，无行道树遮蔽。我们的目标是还原原有小生态环境，增加绿化面积，加入绿化墙面和绿化屋顶的先进技术概念，有效改善区域微环境，打造绿色社区。

5.人口结构：原有区域范围内为老街巷住宅区，遗留老的工业建筑，人口组织以中年人为主，组成过于单一，导致区域活动不平衡。我们将功能置换的目的就是为了引入活力产业，使区域内的人口结构有所调整和均衡，有效利用地块资源。

三、技术措施（绿色建筑）

上海位于夏热冬冷地区，因此建筑设计既要考虑冬季保温防寒，又要兼顾夏季通风降温。

1.庭院的设置：多功能庭院为区域内活动的人们提供了种植园、室外水幕电影、微型公园、咖啡休息和园林植物展示等多功能为一体的绿色空间。植物和水环境的引入能够有效的改善区域气候微循环，为建筑内部的活力单元提供大的环境保证。建筑内部的活力单元为镂空的庭院，每个建筑内部的主体不同，有种植园、微电影、休闲吧等绿色空间。这些活力单元为单体建筑提供室内绿色微环境，从而使区域内的建筑由内而外的创造绿色条件。

2.建筑墙体：外墙采用设置双层表皮，使空气间层和外表皮能够有效的阻止冬季主导风的不利影响和夏季强烈的太阳辐射。建筑外表皮分别采用绿色植物（草本）、植物纤维复合板（轻质）、多孔泡沫金属板以及自身镂空部分来达到冬季保温和夏季防热的要求。根据季节不同，可拆卸的活动式外表皮可以进行自由组合。例如冬季，多以植物纤维板和多孔泡沫金属板进行维护。夏季则利用绿色植物和镂空层进行降温。

3.多功能屋顶：屋顶采用将太阳能集热板、绿化种植、蓄水屋面和光伏发电板为一体的组合模式，采用被动式太阳能热水系统、空调新风系统等有效节能。地下室采光部分采用光导纤维技术，室内采用LED节能型灯具。蓄水屋面一方面能够有效的降低夏季室内温度，另一方面能通过管道对立面垂直绿化进行滴灌，从而有效的节约水资源。

4.双层组合楼板：吊顶层空间内部引入通风系统，将建筑外表皮过滤的新风通过通风口引入室内，减少室内热环境的影响。

5.立体停车楼：场地用地红线内部设置立体停车楼，能够有效的利用资源，减少浪费。

四、设计愿景

综合以上分析，希望本设计能为旧建筑改造带来本质上的改善，无论是功能、空间、交通、环境、人口及技术措施都能为本项目提供一个良好的解决方案和一种可行的旧建筑改造方法。

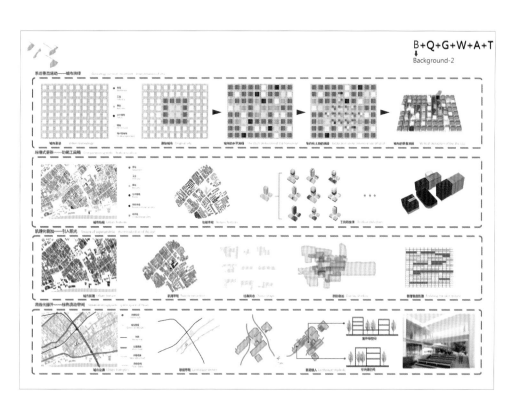

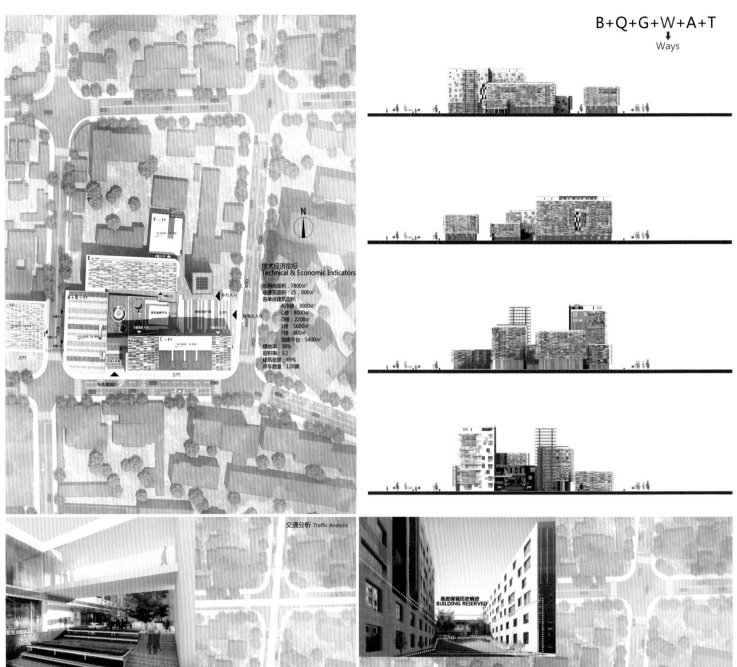

B+Q+G+W+A+T
↓
Ways

技术经济指标
Technical & Economic Indicators

总用地面积：7800㎡
总建筑面积：25,000㎡
各单体建筑面积：
A/B楼：3000㎡
C楼：8000㎡
D楼：2200㎡
E楼：5600㎡
F楼：800㎡
加建平台：5400㎡

绿地率：38%
容积率：3.2
建筑密度：49%
停车数量：120辆

N

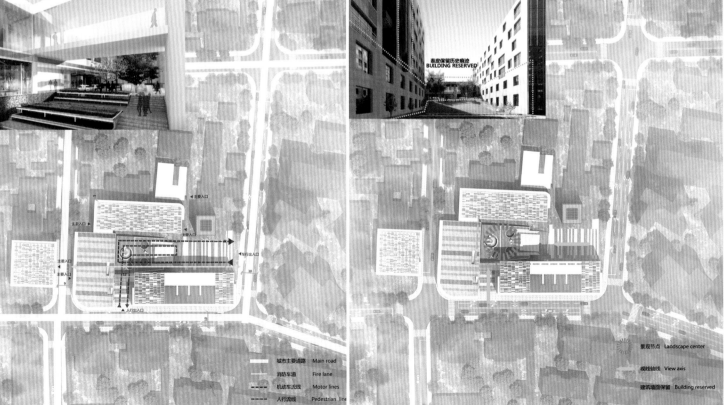

交通分析 Traffic Analysis

表皮保留历史痕迹
BUILDING RESERVED

城市主要道路　Main road
消防车道　Fire lane
机动车流线　Motor lines
人行流线　Pedestrian line

景观节点　Landscape center
视线轴线　View axis
建筑墙面保留　Building reserved

被动式技术
PASSIVE TECHNOLOGY

上海地区气候和舒适度
CLIMATE AND COMFORT

基地日照分析图
SUNSHINE ANALYSIS

主动设备技术
ACTIVE TECHNOLORY

节能改造技术
ENERGY SAVING
TECHNOLOGY

结构技术
STRUCTURE TECHNOLOGY

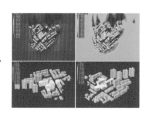

雨水回收
WATER SAVING

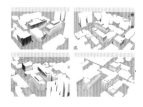

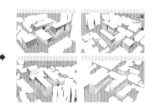

1.生态建筑表皮 ECOLOGICAL BUILDING SKIN
表皮与主体建筑之间通过1.5米的生态廊道进行连接，冬季能够保温，
夏季能有效的阻止太阳辐射对建筑产生的影响，能够有效节能。

2.通风屋面 VENTILATION ROOF
建筑屋面通过架空楼板将蓄水屋面，太阳能集热板和种植屋顶结合在
一起，形成集多功能为一体的综合节能屋面，确保建筑的有效节能。

3.太阳能热水系统 SOLAR WATER SAVING
屋顶的太阳能集热板能够将水加热，为热水提供清洁能源。

4.太阳能光伏发电SOLAR COLLECTING
利用太阳能电池将太阳能转化为电能，有效节能。

4.绿色中庭GROWN LOBBY
利用中庭大空间绿化来改善建筑室内的环境，提高室内舒适度。

5.引风入室IMPROVE WIND
利用夏季主导风向将室外的微风引入室内，同时在绿色中庭中将风进
行降温，能够有效的改善室内热环境。

6.结构加固 STRUCTURE IMPROVEMENT
对框架梁和柱子进行加固，每个加固构件都包含阻尼加固器，使建筑
整体性和抗震性能加强，从而节约材料。

7.雨水回收系统 WATER SAVING
通过雨水回收系统，能够有效的节约水资源，利用蓄水屋面通过管道
对建筑表皮的植物进行滴灌，能够有效节约资源。

地上地·楼中楼

设 计 师：汤宏博、陈江

设计理念

　　本方案定位为一个以地域性为特色的商业休闲与创意办公复合型创意园区，我们不仅仅立足于创意园区的空间特质、历史遗迹、节能改造方式，更注重它在老城区中的价值。

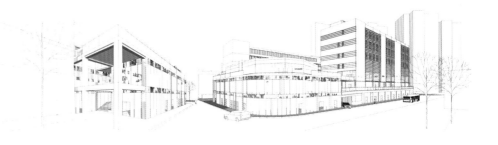

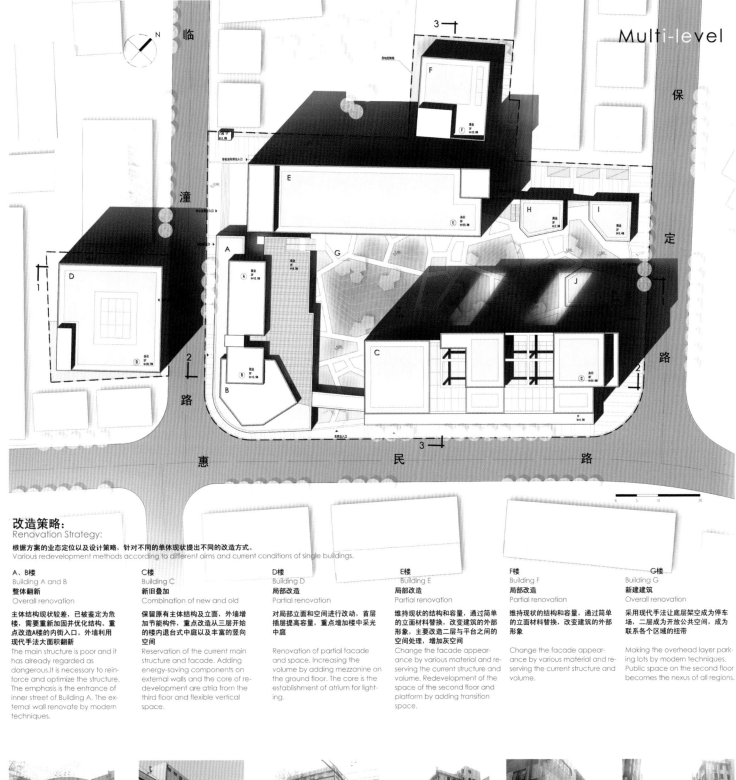

改造策略：
Renovation Strategy:

根据方案的业态定位以及设计策略，针对不同的单体现状提出不同的改造方式。
Various redevelopment methods according to different aims and current conditions of single buildings.

A、B楼
Building A and B
整体翻新
Overall renovation

主体结构现状较差，已被鉴定为危楼，需要重新加固并优化结构。重点改造A楼的内街入口。外墙利用现代手法大面积翻新

The main structure is poor and it has already regarded as dangerous.It is necessary to reinforce and optimize the structure. The emphasis is the entrance of inner street of Building A. The external wall renovate by modern techniques.

C楼
Building C
新旧叠加
Combination of new and old

保留原有主体结构及立面，外墙增加节能构件，重点改造从三层开始的楼内退台式中庭以及丰富的竖向空间

Reservation of the current main structure and facade. Adding energy-saving components on external walls and the core of redevelopment are atria from the third floor and flexible vertical space.

D楼
Building D
局部改造
Partial renovation

对局部立面和空间进行改动，首层插层提高容量，重点增加楼中采光中庭

Renovation of partial facade and space. Increasing the volume by adding mezzanine on the ground floor. The core is the establishment of atrium for lighting.

E楼
Building E
局部改造
Partial renovation

维持现状的结构和容量，通过简单的立面材料替换，改变建筑的外部形象，主要改造二层与平台之间的空间处理，增加灰空间

Change the facade appearance by various material and reserving the current structure and volume. Redevelopment of the space of the second floor and platform by adding transition space.

F楼
Building F
局部改造
Partial renovation

维持现状的结构和容量，通过简单的立面材料替换，改变建筑的外部形象

Change the facade appearance by various material and reserving the current structure and volume.

G楼
Building G
新建建筑
Overall renovation

采用现代手法让底层架空成为停车场，二层成为开放公共空间，成为联系各个区域的纽带

Making the overhead layer parking lots by modern techniques. Public space on the second floor becomes the nexus of all regions.

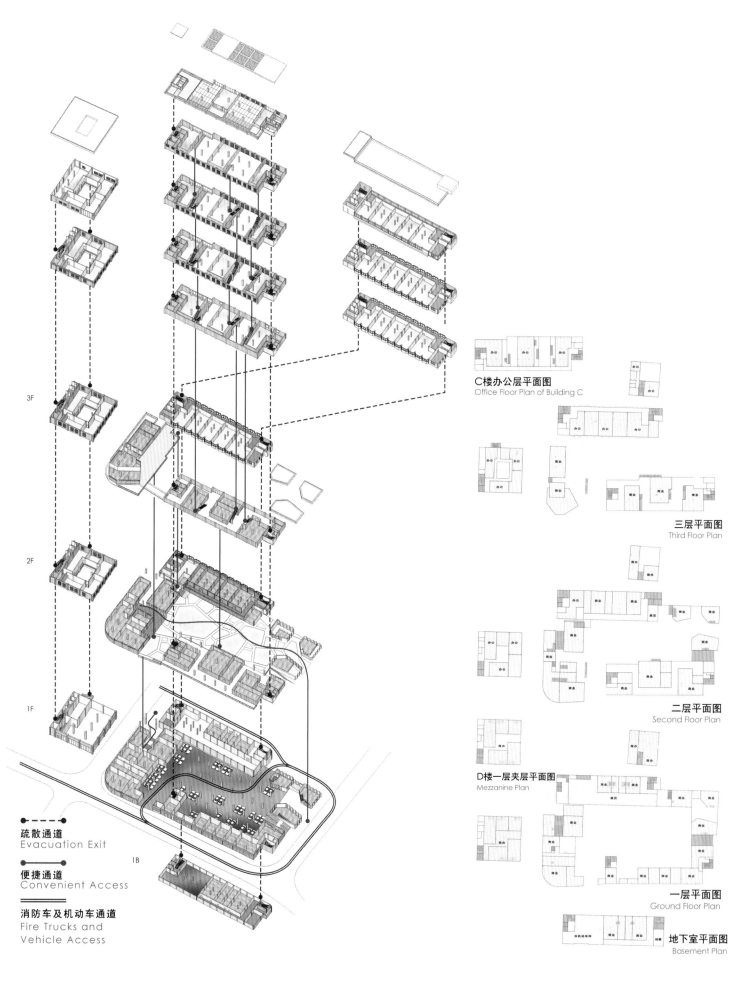

3F

2F

1F

1B

疏散通道
Evacuation Exit

便捷通道
Convenient Access

消防车及机动车通道
Fire Trucks and
Vehicle Access

C楼办公层平面图
Office Floor Plan of Building C

三层平面图
Third Floor Plan

二层平面图
Second Floor Plan

D楼一层夹层平面图
Mezzanine Plan

一层平面图
Ground Floor Plan

地下室平面图
Basement Plan

地上地·楼中楼 | 4

Multi-level Combination

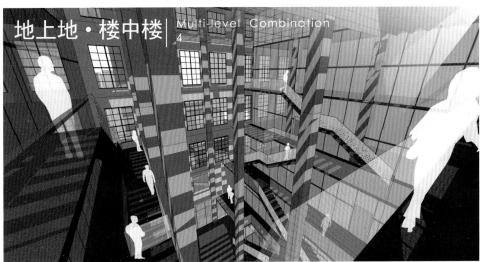

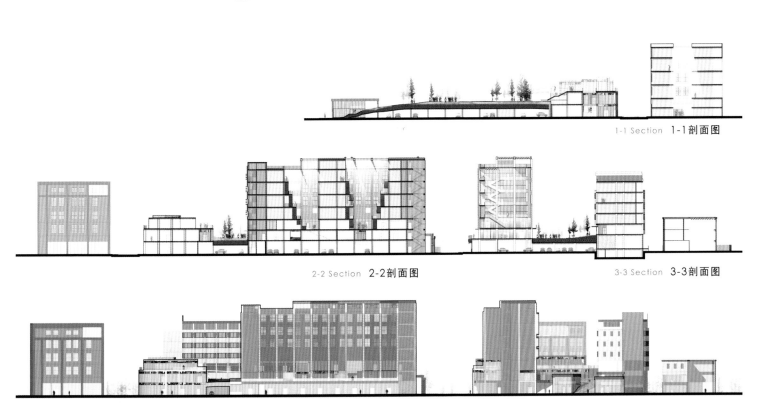

1-1 Section　**1-1 剖面图**

2-2 Section　**2-2 剖面图**

3-3 Section　**3-3 剖面图**

South Elevation　**南立面图**

East Elevation　**东立面图**

共生——北外滩艺术中心设计

设 计 师：王树宇

地块位于上海虹口区的北外滩，这里拥有丰富的文化资源和深厚的历史积淀。在这里不仅要考虑到历史因素，也得和时代接轨。

"共生"的概念来自于改造不单单是去除旧的新建新的，而是保留它所存在过的印记，并和周边环境相互和谐。从绿色角度来考虑应该做到节约能源，充分利用太阳能，根据自然通风的原理设置风冷系统，使建筑能够有效地利用夏季的主导风向，而且绿色建筑外部要强调与周边环境相融合，立面没有过多的装饰，与环境和谐一致、动静互补。

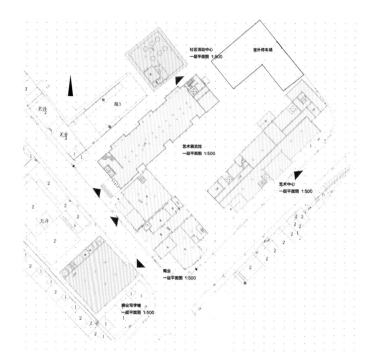

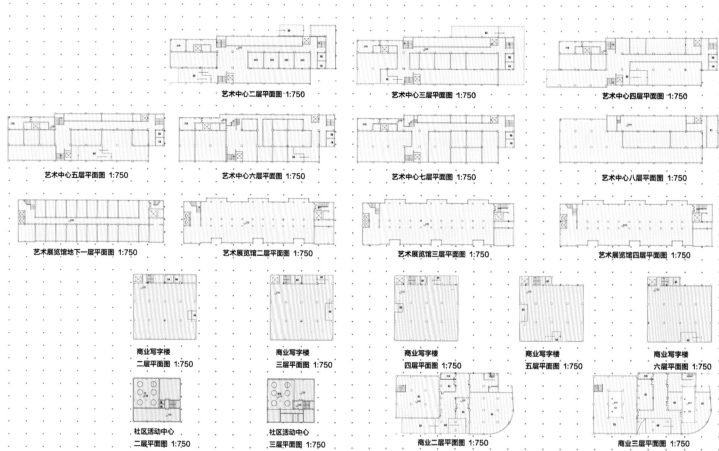

艺术中心二层平面图 1:750　　艺术中心三层平面图 1:750　　艺术中心四层平面图 1:750

艺术中心五层平面图 1:750　　艺术中心六层平面图 1:750　　艺术中心七层平面图 1:750　　艺术中心八层平面图 1:750

艺术展览馆地下一层平面图 1:750　　艺术展览馆二层平面图 1:750　　艺术展览馆三层平面图 1:750　　艺术展览馆四层平面图 1:750

商业写字楼二层平面图 1:750　　商业写字楼三层平面图 1:750　　商业写字楼四层平面图 1:750　　商业写字楼五层平面图 1:750　　商业写字楼六层平面图 1:750

社区活动中心二层平面图 1:750　　社区活动中心三层平面图 1:750　　商业二层平面图 1:750　　商业三层平面图 1:750

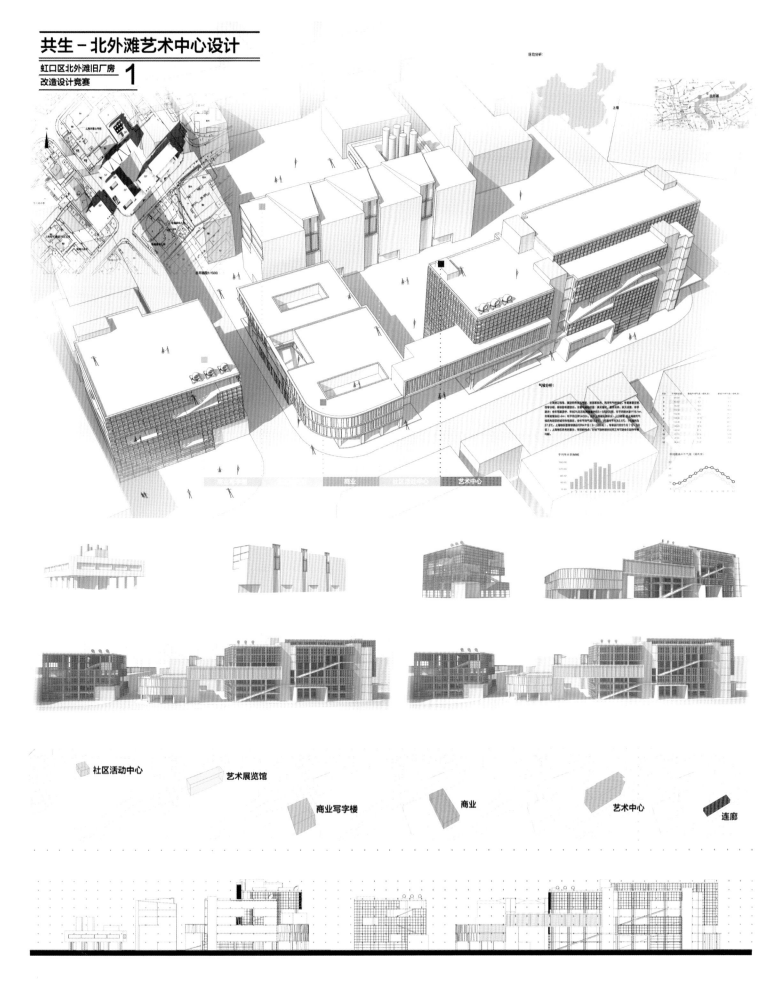

社区活动中心

艺术展览馆

商业写字楼

商业

艺术中心

连廊

"绿园"——
老工业建筑的"通"、"透"、"瘦"化绿色节能改造

设计单位：同济大学

设 计 师：杨宇辰

设计理念

改造建筑所在地块为虹口区提篮桥街道为临潼路/惠民路地块，比邻北外滩CDB、地处虹口区政府重点开发的犹太历史文化风貌区，地块内有较多石库门里弄。地块所在区域内集中爆发出以下三点人居环境品质问题：

1. 陈旧工业建筑密集度高，尺度巨大。

2. 街旁绿地匮乏，人居公园绿地面积极少。

3. 工业企业转型升级，制造业大量淘汰，大量厂房废旧。

本次改造重点为"原临潼宾馆"（已搬迁）、"上工申贝感光器材厂"所在的6幢建筑，除了"原临潼宾馆"外，其余都是大尺度的厂房。该类建筑的单一结构、庞大体积和低下的室内外空间品质给管理者的出租营生造成困难。

因此，本次改造具体工作如下：

1. 注重改造投资成本，以高效改造提升租金回报率。

2. 改造设计控制建筑外立面风貌，使其与虹口工业、虹口石库门和虹口犹太文化契合。

3. 打破厂房建筑的笨拙感，利用各类手法做到"通"、"瘦"、"透"。

4. 利用绿色节能建筑技术集群，发展绿色厂房改造利用新概念。

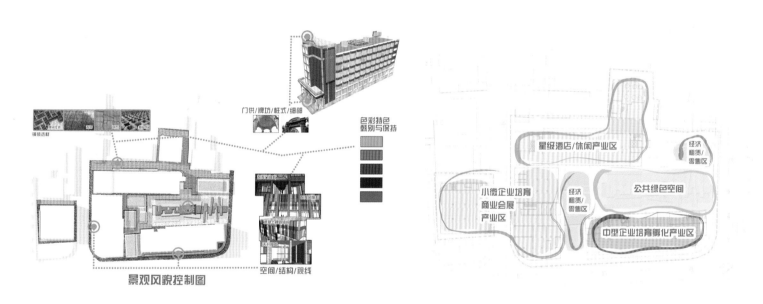

景观风貌控制图

门供/牌坊/桩式/细部

色彩特色
甄别与保护

空间/结构/视线

星级酒店/休闲产业区

经济
租赁/
零售区

小微企业培育
商业会展
产业区

经济
租赁/
零售区

公共绿色空间

中型企业培育孵化产业区

虹口区面临建设发展的机遇期。
北外滩地块集合了虹口功能区划的
中央商务区、航运产业区和文化地市
休闲区。
改造的重点并非细部的雕梁画栋，而
是在存取老工业、老里弄的味道中，提
取具有实用性的风貌意向并运用。

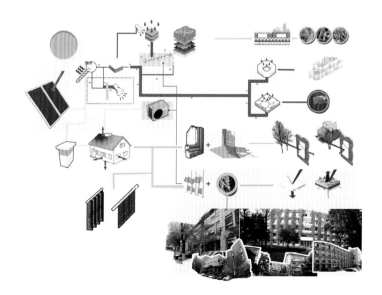

城市雕塑群——市民文化综合体

设 计 师： 刘永波

设计理念

在设计的开始，我们立足于周边地块，结合周边众多文化类建筑活动，合力打造一个服务于当地，服务于周边的文化活动综合体，没有好高骛远地争做区域中心，而是努力做一个深受周边市民欢迎的文化休闲广场。

根据现有建筑的特点，并结合绿色设计的要求，赋予老建筑适宜的功能，在对老建筑最小改动的前提下，满足新功能的需求。

原有建筑分散式布置，为了使整个建筑群形成合力，必须整合建筑流线，我们采用加一个活动平台，来连接三个主要建筑，作为整个建筑群流线的集散，也是最开放的市民活动区域。

对于建筑群的底层，都作为文化类商业店铺，原有厂房开窗面积少，最适合改造成为展览室，上部厂房，在做好采光的前提下，改造成为了大师工作室。转角部分的三层，改造了市民图书馆。宾馆部分，增加了内部中庭，改成了书城，这样，三个主要部分分别为图书馆、书城和展览馆，通过中间的活动平台相互连接。街角和场地内部的两个独栋小建筑，也就是以前的办公和后勤部分，由于它们比较独立，于是改造成了独立的展览馆，方便举办小型独立的展览。

对于绿色设计的考虑，我们结合建筑形体和具体的建筑功能，通过消减体量，增加中庭，添加遮阳装置，来控制光线的引入，减少能量的消耗。

整个建筑群的形体，我们采用极简的手法，运用整的形体和周边老建筑的零碎形态，产生对话，从整个老建筑区域独立开来，形成当代的城市雕塑群，来容纳丰富多彩的现代文化活动。

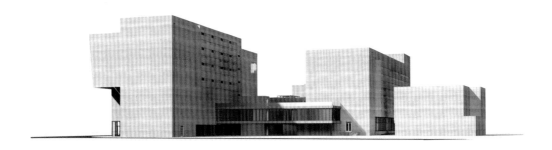

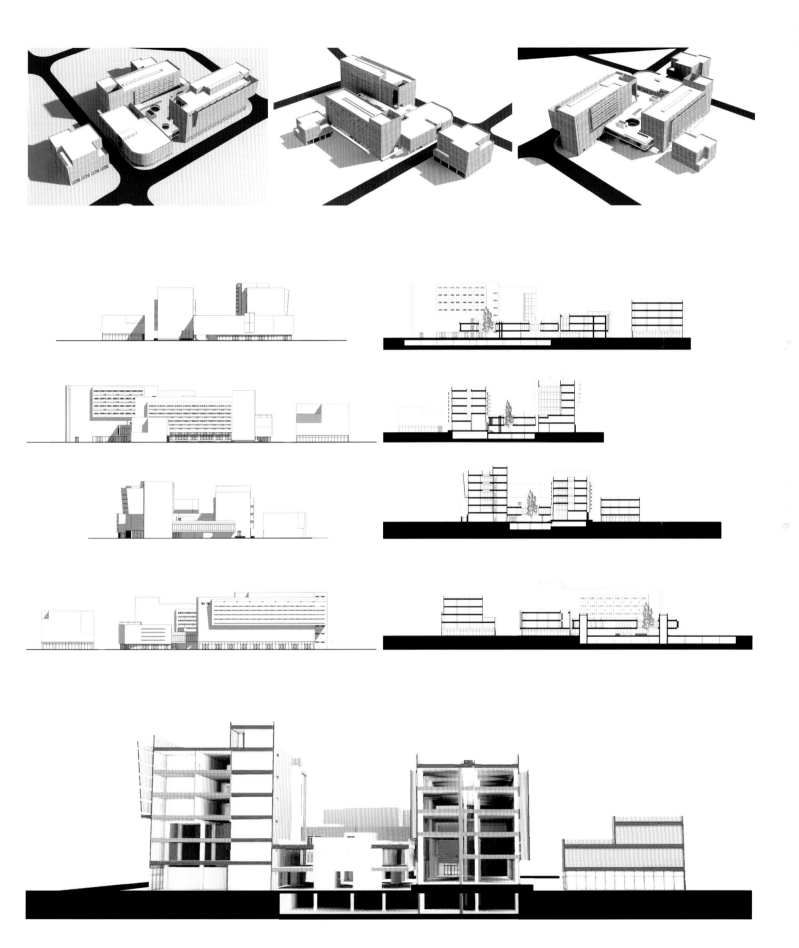

锈色记忆

设计单位： 澳大利亚REGION瑞景景观事务所厦门瑞景景观设计有限公司、中国建材检验认证集团厦门宏业有限公司
设 计 师： 张保国、秦宪明、柯思涵、吴玉生、甘玉凤、孙磊

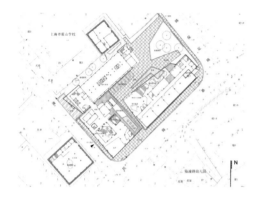

设计理念

用硬朗的线条刻画出建筑体块的切割感，动感的抽象形态散落于未来新区的老房子之中，有力的激活周围片区的商业活力。

整体建筑群落色调以棕红色为主，深沉大气，金属钢架刺破锈板，绿色植被穿插其中，在光影变化中静谧聆听。

通过对改造地块历史背景的解读和"提高租金回报率，打造上海北外滩旧房改造的亮点工程"的竞赛要求将改造方案定位为美术馆，以实现建筑、区域和城市的三维重生。"美术馆不是作结论，而是展开问题、推翻结论、给未知事物以机会。"优秀的公共性美术馆是区域文化的地标之一。现代美术馆从被动的展示转向主动的引领，可以带动周边商业活动及刺激创意园区经济的发展。

在原有建筑的基本框架外部添加金属铁锈板表皮，通风口仿照二位码模式灵活自由分布，辅以屋顶绿化，使整个建筑群落变得生态节能。

通过Autodesk Ecotect Analysis软件模拟日照、阴影、发射和采光等因素，分析美术馆在仿真环境中的建筑性能，提高设计质量。

利用PHOENICS（Parabolic Hyperbolic Or Elliptic Numerical Integration Code Series）流体传热分析软件，建立美术馆建筑群落风环境的物理和数学模型，对处于设计方案阶段的建筑群落计算机数值模拟，对不同方案的建筑群落内空气速度场、压力场、温度场以及空气龄进行分析，并且以此为依据，得到建筑群落内气流组织和节能方面的最优方案。

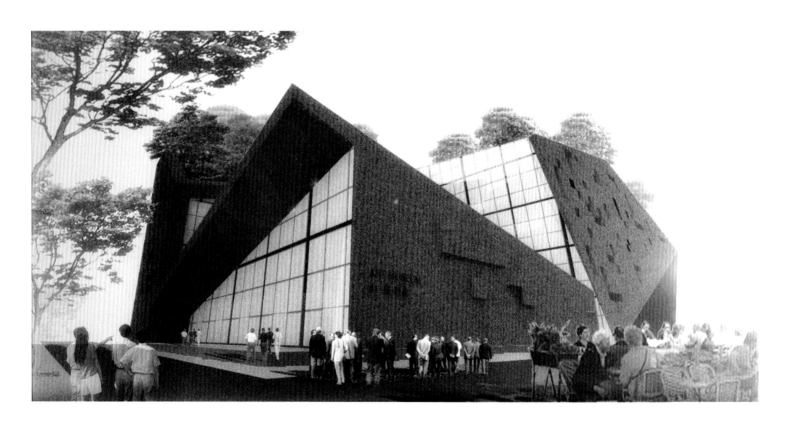

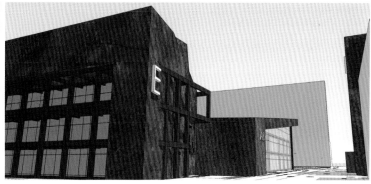

建筑东立面图　　　　　　　建筑北立面图

建筑南立面图　　　　　　　建筑西立面图

气流

D馆办公楼　　　AB馆主展厅　E馆展示楼

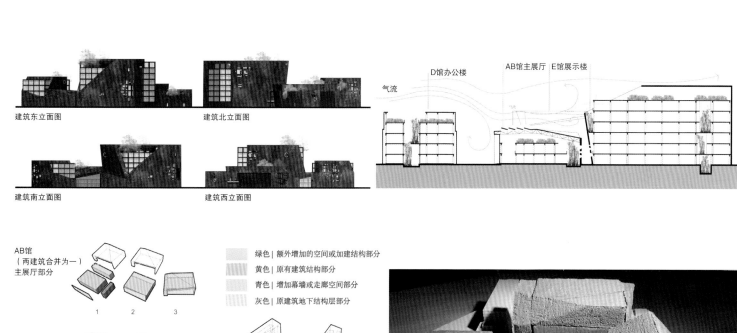

AB馆
（两建筑合并为一）
主展厅部分

1　2　3

绿色 | 额外增加的空间或加建结构部分
黄色 | 原有建筑结构部分
青色 | 增加幕墙或走廊空间部分
灰色 | 原建筑地下结构层部分

C馆
收藏馆、图书馆

1　2　3

E馆展览馆

1　2　3

D馆
内部办公楼

1　2

F馆
收藏鉴定
与研究楼

1　2　3

地下室平面图

顶视图F楼

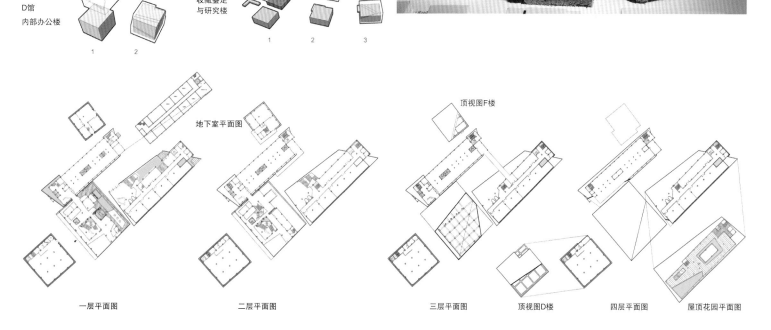

一层平面图　　　　　　　二层平面图　　　　　　　三层平面图　　顶视图D楼　　四层平面图　　屋顶花园平面图

43

上海低碳环保中心

设计单位：塔然塔建筑设计咨询（上海）有限公司 (Taranta Creations)

上海是一个包含了多元文化的大城市。这是一个结合了多变的西方文化的城市。这是传统与未来结合的城市。然而，我们却很难在那些最令人兴奋的摩天大厦中找到生态环保的元素，所以这次在我们的设计中，将更注重于绿色环保低碳这个主题。

在我们的计划中，我们希望展现一个低碳设计的理念，不仅仅在建筑上并且在周围的景观环境中。我们希望能创造一个全新的城市空间——上海低碳环保中心，能让其他城市借鉴并在生态设计上提升的建筑。

首先，原图有以下三点问题：

1. 有几个建筑并没有投入使用并且它们并没有相互连接，在功效和形状上几个建筑也没有关联性。

2. 建筑间的开阔区域是杂乱的，没有定义也没有与周围建筑有联系。除此之外，在整个区域中没有任何的植物。

3. 建筑间没有联系，外围空间是空旷的。

考虑到以上的问题我们有以下三点解决方法：

我们将利用当前建筑形态上的优点与新建筑结合，并赋予新的功能在这个设计上，我们将它命名为低碳环保中心。所有的建筑都用植物相联接结合在一起。

例如，老旧的旅馆将变成接待学生、研究人员和其他来访者的住宅建筑，并与这个功能性相结合。就原本工厂的大建筑我们将把它作为用来使市民感受低碳生活的地方，还有一些空间作为用来使中小型企业感受低碳环保的地方。

我们不能想象没有"绿色"表面或者自然小径的环保绿色主题。因此，我们设计一个能自由呼吸和亲近自然的绿色景观花园在中央区域。水景和绿色植物帮助探访者更能感受到大自然的气息。

就像我们理解的一样，我们的低碳环保中心是一座复合型功能建筑并且有一个能让各地探访者来参观和感受、交流的公共区域。

我们的目标是展现一个低碳环保的理念，我们将用以下两点来达到：

第一，我们将用可再生能源来实现我们这个目标。在东面和南面的建筑外立面我们将用太阳能和风能（一种可再生能源的新科技）在屋顶上。我们也将运用电池板，同时我们也将放上雨水回收系统。

另外，我们将增加绿色植物面积，不仅仅是在水平地面上，还将在垂直的建筑面上使用。我们将充分利用建筑表面来使它变为绿色装点的墙面。

低碳环保中心将用来举办展览：工厂、研究人员和所有环保组织都是这个建筑的面向者，为了展现给这座城市和市民一种全新的生活理念"绿色环保"。

How to reach the goals?

1_ Using the Renovable energies as like as sun and wind

2_ Increasing the horizzontal and vertical areas

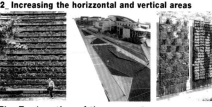

The Explanation of the concept

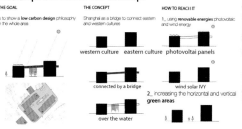

THE GOAL
is to show a low carbon design philosophy in the whole area

THE CONCEPT
Shanghai as a bridge to connect eastern and western cultures

HOW TO REACH IT
1_ using renovable energies photovoltaic and wind energy

western culture   eastern culture   photovoltai panels

connected by a bridge   wind solar IVY
2_ increasing the horizontal and vertical green areas

over the water

The Concept: A Bridge between two cultures

Shanghai has two different faces, two cultures which walk together along the whole city
1_ The Eastern culture represented by the traditional chinese history
2_ The Western culture represented by the business, the new buildings and the new lifestyle

Western culture   connected by a bridge   Eastern culture

In our design we want to connect with a bridge above the water the two cultures, as like as the traditional chinese garden in which the bridges help to connect the different areas of the garden

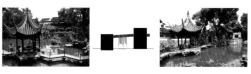

Volumetric Sketches

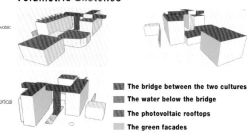

■ The bridge between the two cultures
■ The water below the bridge
■ The photovoltaic rooftops
■ The green facades

_current building functions

The actual site is quite abadonated. Some buildings are not in use and the ones in use they don,t look good. The whole area is dirty and there is no vegetation or any connection between dufferent volumes.

_new building functions

Our purpose is to generate a new ECO area where promote sustainability. Not only in the new functions given to the buildings but also in the open space is going to be easy to recognize this intention.
Our purpose is to generte a new ECO area where promote sustainability.
Not only in the new functions given to the building.

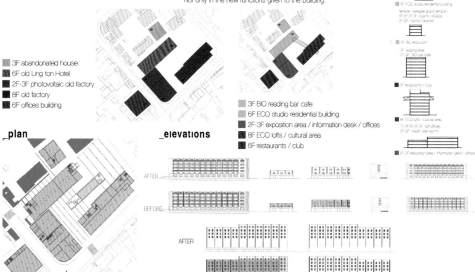

■ 3F abadonated house
■ 6F old Ling ton Hotel
■ 2F-3F photovoltaic old factory
■ 8F old factory
■ 6F offices building

■ 3F BIO reading bar cafe
■ 6F ECO studio residential building
■ 2F-3F exposition area / information desk / offices
■ 8F ECO lofts / cultural area
■ 6F restaurants / club

_plan

_elevations

AFTER

BEFORE

AFTER

BEFORE

回归本原

设计单位：意品造物工作室
设 计 师：叶力舟

设计理念

无论是实地探访还是从卫星图上查看地块，都能发现这块位于虹口区靠后滩的基地周围被住宅包围着，不管居民喜欢不喜欢这几幢厂房建筑，对于它存在于此几十年的记忆都不可磨灭。如果仅仅把外立面改造一番，靠新颖的造型取悦路人，我相信这里的老街坊可能并不会接受。或许我们还可以把这个建筑当作一个纪念物，然后再构造一个新的建筑，通过这个新的建筑去展示这个纪念物。因为历史不是过去，它就存在在当下。

我认为本方案的出发点并不在功能，正如阿尔多·罗西批判功能主义时说，建筑的功能与形式不是对应的，而是任意的竞赛地块就是一个例子——它从前是一个厂房，可现在的功能可能要被改变，然而形式却是不变的。与其做一个与某一主要功能对应的建筑，不如建造一个"舞台建筑"，让所有功能的可能性在里面演出。

本建筑希望放弃部分现有不合适改造的结构，在现有建筑围合的空地适当增加新的结构，从而改善建筑的光照与环境。建筑每一层都向后退去一部分，这样不仅可以增加受到日照的面积，减少能耗，而且因后退空余出来的空间也可作为空中花园，比现有空地更有吸引力与利用价值。另外，通风状况也可改善，原本造成地面人们不适的穿过中间围合空地的"穿堂风"现在可成为上层建筑通风的好帮手。

传统建筑布局大多采用围合的方式在内部设置中庭或庭院，建筑师也会臆想这些庭院空间可以促进人们的交流，但其实大部分建筑的这些半公共空间的使用率都十分低，平时显得十分冷清，或许我们可以试着反过来，让建筑外围成为庭院，中间为建筑，人们进出建筑时便必须穿越庭院，即便庭院不能促进人们的交流，这些绿化带也可以让人们更加舒适进出，其外立面也会根据四季改变而产生不同的效果。

某些改造建筑或新建建筑喜欢采用连桥连接独立建筑，但事实上很少人会用到连桥，而且连桥造成的阴影也让人们感到不快。与其生硬采用连桥连接，不如翻转过来，以"虚"的空间成就独栋建筑间的连接。

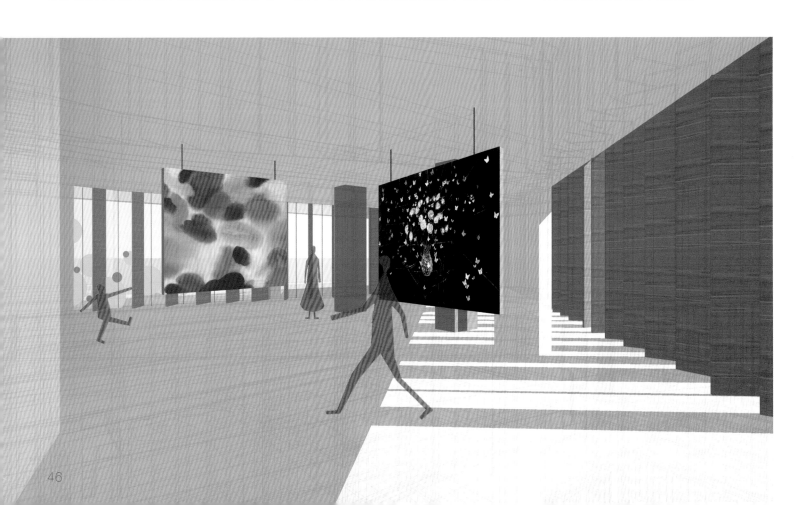

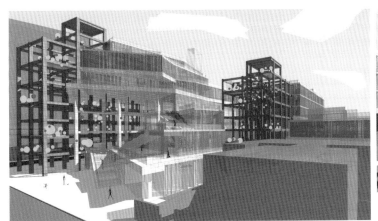

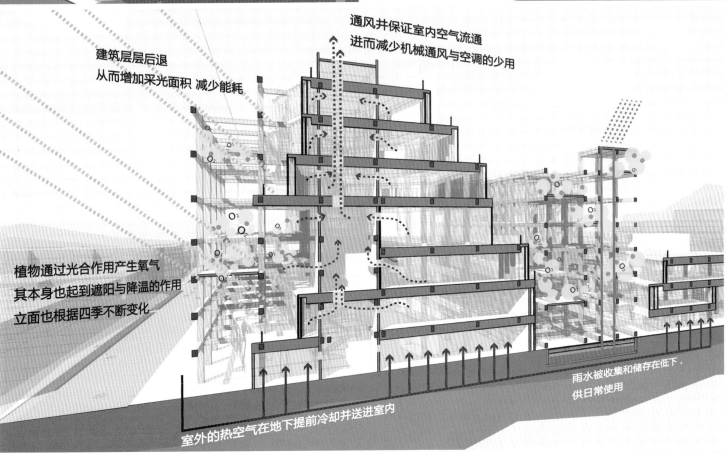

通风井保证室内空气流通
进而减少机械通风与空调的少用

建筑层层后退
从而增加采光面积 减少能耗

植物通过光合作用产生氧气
其本身也起到遮阳与降温的作用
立面也根据四季不断变化

雨水被收集和储存在地下，
供日常使用

室外的热空气在地下提前冷却并送进室内

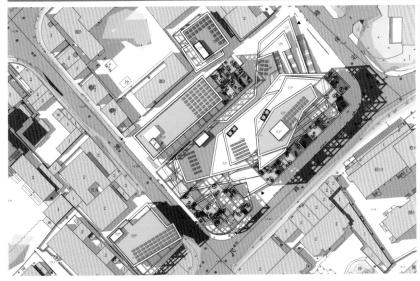
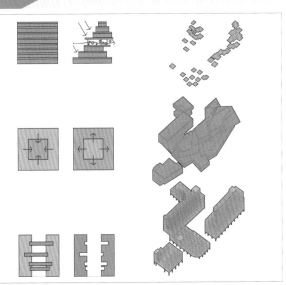

跃绿

设计单位：UM STUDIO 微米国际设计工作室
设 计 师：刘建超、毛逸峥、朱凯 、张世明

设计理念

【历史文化的传承】——建筑外圈立面的改造自1958年发展至今,上海申贝感光材料厂生产的上海牌黑白胶片整整影响了几代人的生活,同时也见证了时代的快速发展与变迁。为了尊重建筑体原有的历史沉淀与文化传承。与城市交界面的外部立面改造以"胶片"为原形,运用动感前卫的设计语汇,打造出波澜起伏的胶片状视觉立面。时刻提醒着人们这座建筑独有的历史印记,同时展现着这座建筑独有的建筑语汇。

【生态节能的未来】——建筑内圈立面及公共空间的打造作为低碳环保建筑,建筑内圈立面大量利用垂直生态绿化的层层叠加,打造一体化纵向性生态绿色建筑。屋顶运用浅层绿化技术,可缓解大气浮尘,净化空气,保护建筑物顶部,缓解城市热岛效应,吸收热能,并有助散热;立面垂直绿化的设计具有隔音、调节室内温度,有效减少空调的使用,节约能源。通过三维一体化的绿色空间打造,使建筑的屋顶,立面和地面都由绿化包裹,营建真正的绿色办公环境。

【跃绿的生命力】——为了再生,我们必须让所有系统循环渐进协同发挥功能作用。雨水的回收和再利用:上海夏季雨大且降雨快。在屋顶铺设大面积的浅表草皮结合雨水收集器将大面积雨水通过设计滴灌路径浇灌建筑表皮的垂直绿化和基地内的绿化草坪。同时在下层地面景观设计草坡与生态浅沟收集场地雨水,可以建立环境小气候而使植物少受恶劣天气的影响。 太阳能技术的应用:屋顶及局部建筑立面运用大量改善型薄膜将太阳光转化成可使用的能源。每栋建筑可以成为其自身的能源供应站。

【功能及业态的强化】——园区内自身占地面积较小且体量分散,单独体量都很难有较好的投入回报比。因此我们更加突出强化各个单体的联动,打造统一的园区形象和品牌。通过优化园区整体建筑、景观环境及功能区域的联系空间,创建一处全天候的生态绿色办公环境。二层连廊的局部空间设计成半室外交流场所,将绿色直接引入办公建筑内。同时场地悠久的人文和海派文化历史的传承更会吸引品牌形象客户的入住。"跃绿"不单单是一个园区的名称,更将是上海生态办公的时尚品牌。

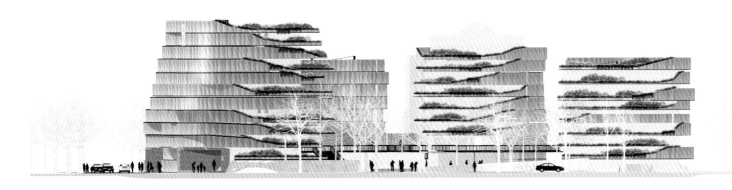

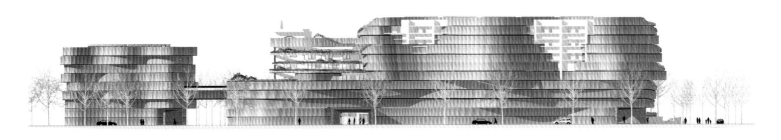

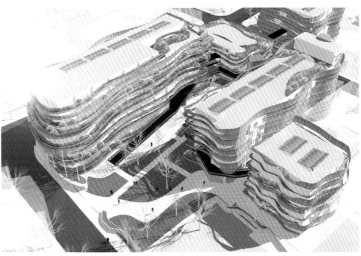

浦江珠链

设计单位：江苏宜润建筑改造技术有限公司
设 计 师：JOE LIU（刘军）、经天

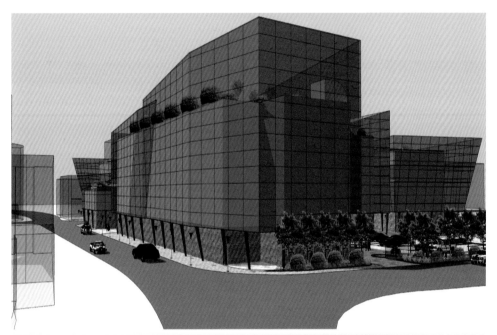

一、设计理念

本项目地块地处黄浦江北外滩，镌刻着黄浦江与上海的发展历史。"浦江珠链"是我们对这一改造项目的主题构想。

北外滩位于虹口区南部滨江区域，作为外滩的延伸，这里拥有丰富的文化资源和深厚的历史积淀，延绵起伏的古典建筑群和对岸的摩天大楼尽收眼底，与外滩、陆家嘴形成三足鼎立之势，共同构成黄金三角，蕴含巨大的开发价值。

上海浦江东外滩、北外滩、南外滩以及外滩源将成为名符其实的"浦江一链"。沿江经济发展区，宛如一串珠链，延绵呼应，印证着世纪的变迁，浦江水绵绵流淌，外滩明珠熠熠生辉。

我们以"浦江珠链"为这个（工业厂区—办公用途）改造项目的主题，以表现上海发展的历史持续性和丰富多样性。

二、能源建筑设计

随着城市化进程的高速发展，能源的消耗，环境的改变，这些，都让我们思考着，是否要以新的方式和我们的世界相协调，我们的设计着眼于以下几个方面：

1. 提高建筑的能源性能，是我们的着眼点之一。"double skin"的构造，可以让建筑由内而外的换发新的光彩。可以主动地去调节我们所希望的室内生活状态。在一定程度上摆脱了受自然条件限制的状态。

2. 公共空间的创造利用，屋面、地面广场等场所，设计为可以充分利用的空间，这

可以改变我们的环境，也改变我们的生活。

3. 充分考虑地块的建筑绿化（屋顶、立面），这会给建筑带来新的价值。主要体现在如下几方面：

1. 改善城市生态环境；

2. 美化城市景观；

3. 减少城市热岛效应，完善城市生态系统；

4. 增加建筑节能效应；

5. 减少屋面泄水，减轻城市排水系统的压力；

6. 对建筑构造层的保护作用；

7. 各个功能场所的合理链接，可以改善园区的动态流线图。更合理，充分地使用各个空间，以体现其使用价值。

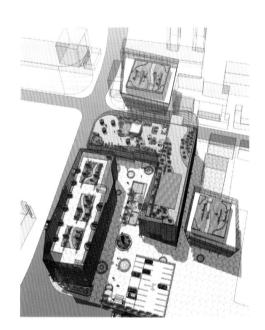

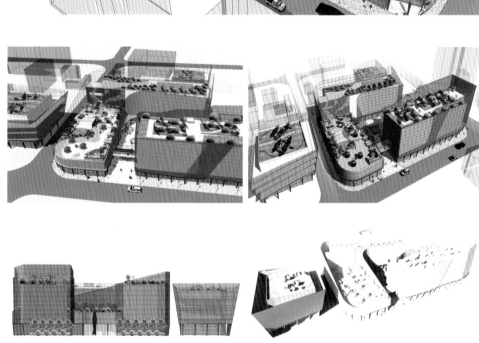

绿 · 融

设 计 师：周文钢

设计理念

　　本方案设计带入局部改造局部保留概念。强烈的体量感以及材质对比使建筑具有很强的辨识性。并且充分利用周边景观资源，打造优质的屋顶绿化平台。在旧建筑中加入现代元素的体量，活跃空间，打造出优质的办公露台。充分利用沿街商业面，提高地块自身价值。打开沿街界面，形成较大的公共广场，为周边人群服务。在首层平面中，打造出由各沿街面向中心渗透的平面布局，使空间丰富活跃。在三组主楼楼中间加入一个现代化的大平台进行连接，形成整体感并且通过中心绿化中庭的设置，提高办公品质。

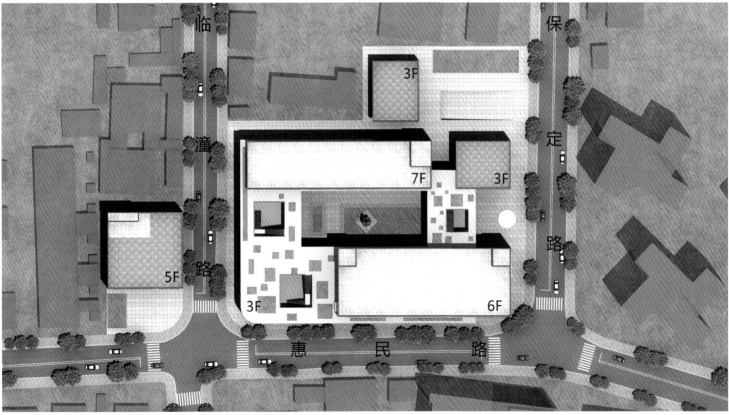

临

潼

路

保

定

路

3F

7F

3F

5F

3F

6F

惠　民　路

那棵树——生命的记忆

设计单位：成都泓域建筑景观设计有限公司

设计理念

本项目的设计理念是：那棵树—— 生命的记忆。

设计理念的灵感来源主要有两个方面：

（1）上海申贝感光材料厂—胶片—记忆

胶片承载着场地的历史底蕴，记录着过去的所有记忆。

（2）绿色低碳的设计主题—树—生命

"树"吸收着阳光、雨水，为环境输送养料，恰好像我们在设计中传递的主要的生态手法：太阳光板、雨水循环、垂直绿化。

设计理念的意向演绎

以下通过图片演绎，诠释以下延展过程：

生命记忆—抽象的"树"：蕴含着太阳能利用、雨水循环、象征机体血管的游人的路线、从大自然吸取能量后在地下室进行存储和再

利用等具有"生命感"的绿色设计力量的示意图。将上述的生态设计手法以具有公共艺术的美感形式进行具象化设计。生命里有细胞泡泡的重组，有青春的热血，有热血的运动，有成长与关爱，有亲情与爱情，有阳光与绿叶等，这些都将成为美好的记忆，由胶片一卷卷记录下来，所有生命的记忆如光影般闪现在脑海。因此，本项目是以具有活力的曲线为形态基础，经过重组设计，用于建筑外立面、功能空间以及公共装置艺术的造型。

（1）那棵树，它的生命力来源于：

A.垂直绿化（以及屋顶绿化）：美化环境，净化空气，净化雨水，夏天降低室内温度，可减少空调的使用来节能减排。

B.屋顶太阳能板：将合成的电能，提供园区内的景观灯用电以及雨水循环

的所需用电，电量不足够时，再利用市政提供的电能（每年太阳能板发电总量约：60W×365＝21900W）。

C.雨水循环：将收集的雨水用于垂直绿化和园区内所有绿化的灌溉，并作为园区水景的主要来源，多余的水量储存在E栋负一层的蓄水池，雨水不足够时，则利用市政供给的水能（年雨水收集总量约＝总用地面积×年降水平均高度＝8709m²×1.2m＝10450.8m³）。

D.交通连廊：交通连廊将整个社区相互连接，充分解决园区横向交通的问题，带动各个区域的商业活动，同时，交通连廊是雨水收集过程中的重要途径，在人们经过连廊的时候，能直接观察到雨水的流动和进化过程。连廊底部使用钢板等具有反光作用的材料，镜像出广场的场景，每层连廊有不同的曲线交错形成天空和反射出来的景象交相辉映，形成丰富的空间感受。其中在后续设计中需要重点考虑的技术问题是连廊技术结构，针对该问题有以下两种解决方案：第一种是立柱的方式，由于连廊较高，柱子较大，会影响整个园区的景观效果，但可以利用垂直绿化装饰或者形态的分解来弱化其影响度；第二种是拉网的方式，首先加固两侧的建筑后，从建筑上拉钢索，形成有节奏变化的独具美感的网状结构，将连廊悬挂

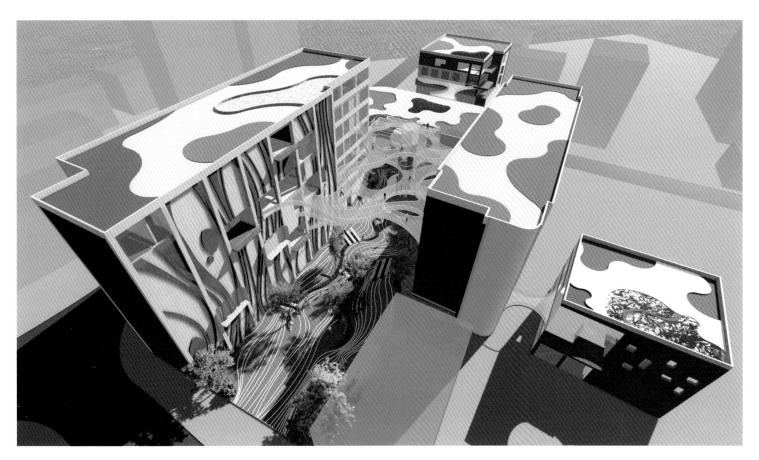

在网状架构上以减轻连廊的受力，并利用灯光和悬挂式的装制品来美化整个形态。

E. 建筑内业态（合理的功能设置）：用独具美感的空中构架连接休闲商业区、运动健身区、艺术办公区、特色宾馆区，一个集四大功能于一体的低碳创意园区（其中二楼和F栋作为运动健身，提供丰富的运动项目，通过特别的的方式呼吁人们热爱生活，健康运动，低碳出行，减少废气排放）。

F. 人们参与性、有条理的交通组织，舒适的尺度与比例，合理的植物搭配等。

（2）那棵树，它的生命力积淀于：过去的记忆

胶片记忆：该小品的支架的形式采用的是胶片的形式，中间是印有老照片的半透明介质，隐喻承载这个区域历史记忆的胶片，胶片中的形态和街区背景透视一致，融为一体，是现有场景的延伸，新建的场景就像是从胶片的历史照片中延伸出来，暗示历史与现在的延续，以此凝聚该地的历史、记忆。

胶片影像：为第三层连廊连接宾馆部分才有的装置，不可行走通过，保护宾馆的私密性，是通透的玻璃（类似胶卷的形式），印有虹口区城市缩影或者历史场景，白天，太阳光照射在空中的影像上，将影像投影在地面

上，随着太阳的移动投影在广场地面上的影子也随之"移动"，清晰地展示了时间的流逝；夜晚则通过灯光将影子投射到地面，是另一种绚丽的景象。

总平面图

注：A栋建筑面积：1894.8m²；B栋建筑面积：1115.67m²；C栋建筑面积：8112m²；D栋建筑面积：3001.25m²；E栋建筑面积：6307.77m²；F栋建筑面积：265.75m²。（必要时可以将D栋1层作为机械停车场，大约可设置40个标准车位）

场景构想

从园区主入口进入园区，首先看到的是广场中轴线上的观光电梯和曲线交错的连廊，电梯被垂直绿化的植物和水幕包裹着，反光的连廊反射着广场铺装变成了绿色，就像一棵大树，曲线的白色铺装和红色装置品从电梯底部飘洒自然的延伸至主入口，引导人们进入园区，如大树的根。再往前走能看到"胶片记忆"，这个装置艺术上面刻画着园区改造前的历史风貌，画面中场景延伸出来与现实场景会形成一个完整的画面。接着便可以坐在红色装置上休息欣赏建筑立面上流畅的曲线形式的垂直绿化和连廊底下的雨水循环的流向，或者继续沿着曲线铺装走到观光电梯，到连廊上去俯瞰整个园区，或者进入建筑内，去感受生命的记忆。

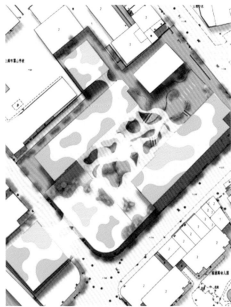

虹口STYLE

设计单位：上海商应建筑设计有限公司
设 计 师：冯杰、吴钟宇杰、王雅伦、赵大威、王渊菲

设计理念

如何为虹口设计一个吸引人的场所？一个面向现代信息社会的交互式空间？一个多接触空气的健康的环境？"虹口STYLE"力图回应上述的这些话题。我们希望通过设计手段让坐落于美丽历史街区的旧厂房焕发出新的能量：彩虹步行旋坡、彩色盒子工作展示空间、能量屋顶、游乐场等新元素使之成为一个开放式的生活工作网络。

混合功能

根据5栋建筑的空间和位置特点形成其特色功能：教育、设计、艺术、媒体、公共交流。周边的人群构成、教育机构和文化机构对这些功能有很好的支持。

彩色盒子

在庭院空间内凸出了许多多彩的盒子，它们的业主可以利用它成为很好的展示界面，宣传它们的服务和产品。

流线分析

广场空中设计了彩虹步行旋坡，通过它进一步联系各栋楼宇，并成为观赏各个工作室盒子的展廊，以及步行到屋顶活动空间的通道，屋顶是绝佳的派对、露营、烧烤的场所，俯瞰周边的城市美景。室内流线通过增加楼梯、电梯和过街桥，实现对工业建筑的空间再划分和利用。

环境景观

基于建筑的历史功能，建筑外围表皮被想象为感光材料对周边环境的像素化呼应——成像。内部立面是彩虹般的凸出盒子——相机取景框。绿色立面是几片覆满垂直绿色植物的生态墙面，是生态建筑的手段。屋顶安放了绿色屋面和太阳能板，被动式的生态设计手段。

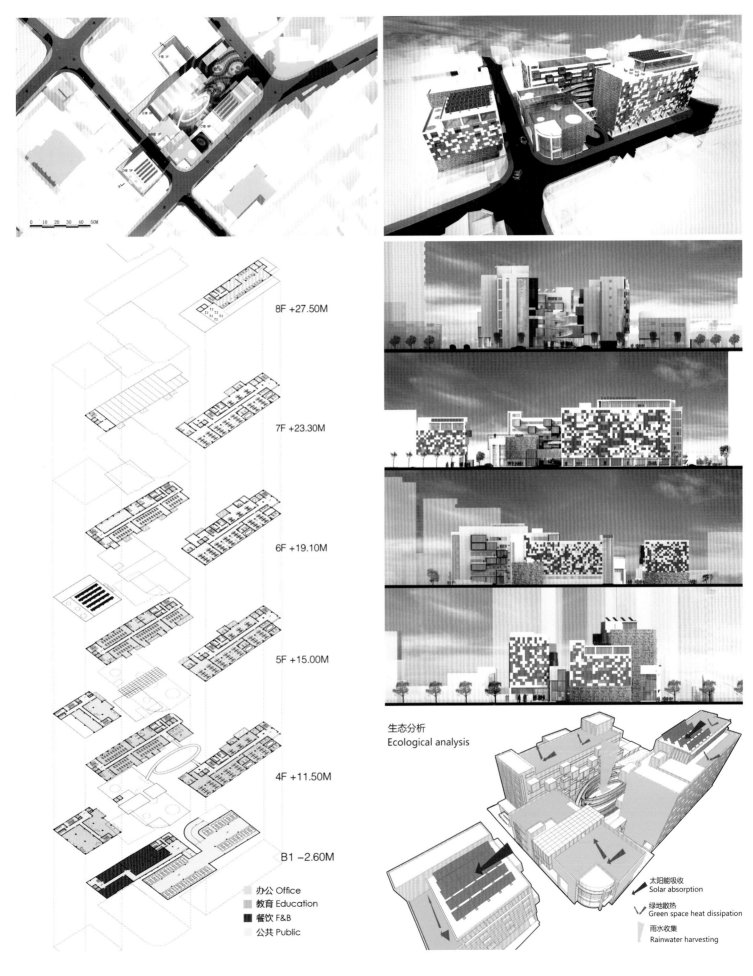

0 10 20 30 40 50M

8F +27.50M

7F +23.30M

6F +19.10M

5F +15.00M

4F +11.50M

B1 −2.60M

办公 Office
教育 Education
餐饮 F&B
公共 Public

生态分析
Ecological analysis

→ 太阳能吸收
Solar absorption

∨ 绿地散热
Green space heat dissipation

雨水收集
Rainwater harvesting

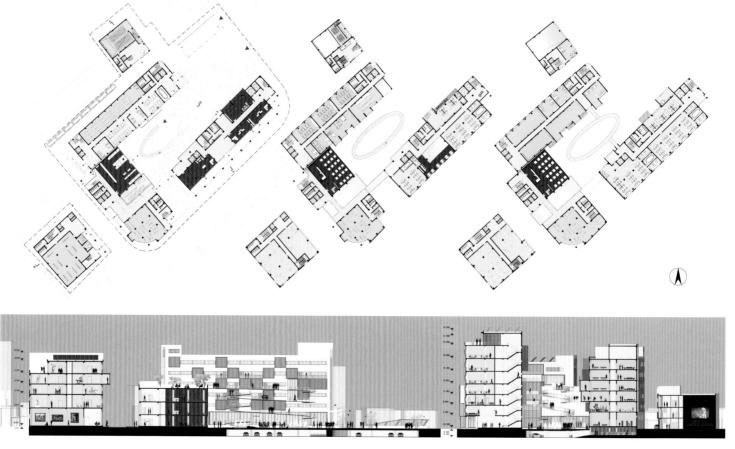

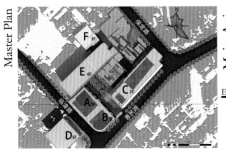

Master Plan

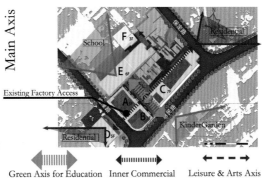

Main Axis

Existing Factory Access

Residential

Green Axis for Education   Inner Commercial   Leisure & Arts Axis

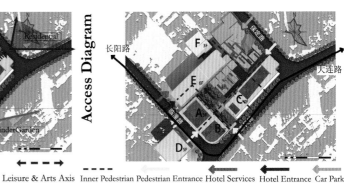

Access Diagram

长阳路   大连路

Inner Pedestrian   Pedestrian Entrance   Hotel Services   Hotel Entrance   Car Park

幽谷

设计单位：SAA上海丝柏建筑设计有限公司
设 计 师：卞霄翼

设计理念

虹口因虹口港而得名，区域经济相当发达。设计包括申贝感光材料厂房及办公和临潼宾馆的现有建筑。设计立志于增强场域的历史价值，创造一个多功能、经济、环保、有特点的创意区域、给历史建筑注入新的生命。

整个场地为东北西南朝向，西北与东南分别为霍山学校与幼儿园。东北与西南为住宅区。这样通过区域连接就形成了两道主轴线。西北东南朝向的为绿色教育轴线，轴线一直延伸到E建筑立面，形成内花园，给酒店大堂做为很好的景观元素。东北西南则为商业气息轴线，以商业休闲做为主体。两轴线相交的地方做为景观节点，设置能体现历史的公共艺术摆设。

保留历史印记，传承虹口工业历史。

虹口城市发展的方向为从河两岸往南北方向延伸。该设计传承历史城市变革的发展方向。设计中景观与建筑的设计元素（花坛、铺地、建筑立面等）的延伸方向都与城镇的发展方向平行。并用这些元素通过符号、图案等方式反映出当地的历史变革。设计保留了部分立面上原有的大管道，并加以改装做成垂直花坛。为延伸申贝感光材料的工业历史痕迹，南面的立面墙改装为整体的太阳能板墙，太阳能板的排布模仿材料的工业产品，影视胶片。

提高经济投资回报。

从功能上，设计尽可能的让整个区域的功能循环，做到白天夜晚，每周7天，和春夏秋冬都能有效充分利用的空间。例如白天办公，夜晚有瑜伽课程、酒吧和餐馆空间，来吸引24/7的人气。这样的多功能商业也可以让业态之间互助互补，减少竞争。从而也减少投资风险，比如一种业态没有做起来，还有另外多种业态体现这里的人气与价值。

A、B和C建筑的底层商业作为贯穿的商业，可以从路上和庭院两侧进入，让中央庭院与沿街商业形成更好的互动，从而增加商业价值。